嵌入式Linux实验指导书
——基于SEP4020嵌入式微处理器

程杰　方攀　张黎明◎主编

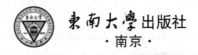
东南大学出版社
·南京·

内容提要

本指导书目的在于让读者对嵌入式系统的开发和 ARM 编程建立清晰的认识。这些实验从知识要点、例程代码、开发方法等方面对源程序进行详细介绍,使读者在学习过程中能够体验开发工具使用、设计开发步骤、实践开发过程,从而提高程序开发的能力。

本指导书是在多年的嵌入式系统教学基础上编写的,充分考虑了学习者的专业特点、学习特点、知识结构等,适合读者自学使用,也可以作为嵌入式系统开发人员学习和研究之用。

另外,在书后的附录中还列出了一些实验过程中思考题的解决方法,以供读者参考。

图书在版编目(CIP)数据

嵌入式 Linux 实验指导书:基于 SEP4020 嵌入式微处理器 / 程杰,方攀,张黎明主编—南京:东南大学出版社,2011.1
ISBN 978-7-5641-2615-5

Ⅰ. ①嵌… Ⅱ. ①程…②方…③张… Ⅲ. ①微处理器,ARM—系统设计—高等学校—教材②Linux 操作系统—系统设计—高等学校—教材 Ⅳ. ①TP332②TP316.89

中国版本图书馆 CIP 数据核字(2011)第 010438 号

嵌入式 Linux 实验指导书——基于 SEP4020 嵌入式微处理器

出版发行	东南大学出版社
社 址	南京市四牌楼 2 号 (邮编 210096)
责任编辑	王全祥
责任印制	张文礼
经 销	江苏省新华书店
印 刷	南京玉河印刷厂
开 本	889 毫米×1194 毫米 1/16
印 张	13.25
字 数	360 千字
印 数	1—3000 册
版 次	2011 年 1 月第 1 版
印 次	2011 年 1 月第 1 次印刷
定 价	42.00 元

(东大版图书如有印装质量问题,可直接向读者服务部调换。电话:025 - 83792328)

前　　言

随着信息化技术的发展,嵌入式系统已经成为当前 IT 产业的一个热门话题。而在其中最受关注和欢迎的非嵌入式 Linux 莫属。当前最受欢迎的 Android 移动终端操作系统,还有在桌面领域日益强大的 Ubuntu 操作系统,其内核都是 Linux。在嵌入式系统的教学和学习中,可以借鉴的学习材料也是五花八门,参差不齐。无论是对于从事嵌入式系统教育的老师,还是刚刚入门的嵌入式系统初学者,往往无所适从。

本书推出的目的就是为嵌入式系统教学和学习提供一个有益的参考。SEP4020 是国家专用集成电路工程技术研究中心开发设计的一款基于 ARM720T 内核的嵌入式微处理器,该处理器集成了 ARM720T 内核、以太网 MAC、LCD 控制器、SD 卡控制器等丰富外设,在交互式系统和工业控制领域有着广泛的应用。由南京博芯电子技术有限公司推出的基于 SEP4020 的教学系统是非常适合当前嵌入式系统教学和学习的。在一般的教学模式下,嵌入式系统基础教学和嵌入式操作系统教学往往需要 ARM7/ARM9 两套平台,而基于 SEP4020 的平台在默认情况下不使能 MMU/CACHE,完全兼容初级的 ARM7TDMI 教学需要,使能 MMU/CACHE 后就可以顺利进行嵌入式 Linux 等高阶嵌入式操作系统教学需要。一套平台完成从入门到进阶的学习,降低了教学成本和学习负担。

本书分为四章:第一章介绍了 SEP4020 和 UB4020EVB 的基本知识,并简单介绍了开发工具的安装;第二章是基础实验,这一章的主要介绍了嵌入式系统开发环境 ADS 的基本使用;第三章是 BootLoader 实验,详细介绍了 Linux 开发环境的配置和 U-Boot 的使用,通过此章的学习可以掌握嵌入式 Linux 开发环境的基本使用。第四章是本书的重点,通过多达 14 个实验从嵌入 Linux 基础命令到驱动程序实验、上层应用实验详细介绍了嵌入式 Linux 开发的各个方面,通过此章的学习,可以帮助读者建立嵌入式 Linux 开发的基本概念并掌握内核编译、驱动开发和应用程序设计的基本技能。另外本书的每个实验后均安排了思考题,帮助读者进一步理解,并在附录部分给出了所有思考题的参考答案。

嵌入式系统是一门实践性非常强的学科,在掌握了基本知识后通过大量的实验和动手实践才可以建立清晰的知识体系和开发能力,希望读者拿到本书后就可以动手开展相关实验。在实验的过程中遇到任何疑难和问题,均可以参加 SEP4020 相关的技术讨论。为了更好地配合读者学习,我们在嵌入式系统爱好者论坛(http://www.armfans.net)开设了 SEP4020 相关版面和初学者专属版面,欢迎参加讨论。

由于水平有限,编写时间仓促,书中难免存在疏漏和不足之处,恳请广大读者提出宝贵意见。如果您有任何意见和建议,可以随时与我们联系。您可以通过论坛与我们交流,也可以通过电子邮件与我们沟通,邮箱地址是 author@armfans.net。请您在帖子或邮件中注明书名。

编者
2011 年 1 月

目　录

第一章　嵌入式教学实验平台和开发环境介绍

1.1　嵌入式系统及其应用开发

随着信息化技术的发展,嵌入式系统已经成为当前 IT 产业界一个非常热门的话题。因其高效、低成本、高可靠性、丰富的代码以及应用程序可扩展性、可移植性等一系列优点,目前已渐渐成为工业系统和民用系统的主力军,尤其在信息化产品中,越来越多地应用到嵌入式系统的概念。

嵌入式系统主要由嵌入式处理器、相关支撑硬件和嵌入式软件系统组成,它是集软硬件于一体的可独立工作的"器件"。嵌入式处理器主要由一个单片机或微控制器(MCU)组成。相关支撑硬件包括显示卡、存储介质(ROM 和 RAM 等)、通信设备、IC 卡或信用卡的读取设备等。嵌入式系统有别于一般的计算机处理系统,它不具备像硬盘那样大容量的存储介质,而大多使用闪存(Flash Memory)作为存储介质。嵌入式软件包括与硬件相关的底层软件、操作系统、图形界面、通信协议、数据库系统、标准化浏览器和应用软件等。

总体看来,嵌入式系统具有方便灵活、性能价格比高、嵌入性强等特点,可以嵌入到现有任何信息家电和工业控制系统中。从软件角度来看,嵌入式系统具有不可修改性、系统所需配置要求较低、系统专业性和实时性较强等特点。

后 PC 时代是一个真实的阶段,而且是一个可以预测的时代。嵌入式系统就是与这一时代紧密相关的产物,它将拉近人与计算机的距离,形成一个人机和谐的工作与生活环境。从某一个角度来看,嵌入式系统可应用于人类工作与生活的各个领域,具有极其广阔的应用前景。嵌入式系统在传统的工业控制和商业管理领域已经具有广泛的应用空间,如智能工控设备、POS/ATM 机、IC 卡等;在家庭领域更具有广泛的应用潜力,如机顶盒、数字电视、WebTV、网络冰箱、网络空调等众多消费类和医疗保健类电子设备等;此外还有在多媒体手机、袖珍电脑、掌上电脑、车载导航器等方面应用,将极大地推动嵌入式技术深入到生活和工作的方方面面。它在娱乐、军事方面的应用潜力也是巨大的,而且是有目共睹的。面对全球嵌入式系统工业化的潮流,适应我国加速知识创新和建立面向 21 世纪知识经济的需要,必须加强高等院校嵌入式系统的教学,培养高层次、实用型、复合型、国际化的嵌入式系统应用人才,使我国嵌入式系统应用水平获得跨越式发展。

要学好嵌入式系统,除了系统的学习理论知识外,重要的一个环节就是实践,在实践中加深对嵌入式软件开发的体会。只有通过实验,接触目标开发板、集成开发环境的构建方式和作业方式、嵌入式系统的硬件和软件、JTAG 调试方法,才能学会如何从头开始着手开发一个嵌入式系统;才能增加交叉编译、目标板程序调试和加载的真知;才能积累嵌入式系统开发流程、开发方法和开发技巧的经验。

目前市场上已有几千种嵌入式芯片可供选择。产品设计人员通常是首先获得嵌入式微处理器核的授权,然后根据应用的需要增加相应的接口模块,如针对网络应用产品增加以太网接口,针对多媒体应用增加音频接口等。

当前在业界得到广泛应用的是英国先进 RISC 机器公司(Advanced RISC Machines,亦称为 ARM 公司)的 ARM 系列处理器核,由于其低功耗、低成本等卓越性能和显著优点,在 32 位嵌入式应用领域获得了巨大成功,如 Intel、Motorola、IBM、NS、Atmel、Philips、NEC、OKI、Sony 等几乎所有知名半导体公司都获得了 ARM 公司的授权,开发具有自己特色的基于 ARM 核的嵌入式系统芯片。此外,ARM 芯片还获得了许多实时操作系统(RTOS,Real Time Operating System)供应商的支持,如 Windows CE、μCLinux、pSOS、VxWorks、Nucleus、EPOC、μC/OS、BeOS、Palm OS 和 QNX 等。

　　我们结合多年的教学经验和科研积累,采用 0.18 μm 标准 CMOS 的工艺设计,内嵌 ASIX CORE(32 位 RISC 内核,兼容 ARM720T,8 KB 指令数据 Cache 和全功能 MMU),设计了面向以 EPOS 为代表的交互式终端类应用的 SoC 芯片 SEP4020 微控制器,该微控制器提供了完整的通用外设接口,可以满足系统用户的各种需求,有关 SEP4020 详细特性将在后面进行说明。在此基础上我们设计了 UB4020EVB 嵌入式系统实验开发平台。该实验平台设计配置灵活、接口丰富,支持 Linux 和 Windows CE 等操作系统,支持经济适用的 JTAG 实时调试或低成本的串行端口监控调试,是一款理想的、高性价比的现代嵌入式系统实验平台和嵌入式系统开发评估综合平台。

　　本实验平台提供了各类实验,涵盖了键盘、显示、网络通信、音频、操作系统等多个方面,并且在实验课题安排上注意了课题难度的层次性和连贯性,基本可以满足各个应用层面的要求。

1.2　SEP4020 处理器简介

　　SEP4020 由东南大学国家专用集成电路系统工程技术研究中心设计,采用 0.18 μm 标准 CMOS 的工艺设计,内嵌 ASIX CORE(32 位 RISC 内核,兼容 ARM720T,8 KB 指令数据 Cache 和全功能 MMU),采用冯诺依曼结构,SEP4020 芯片中集成各种功能包括:

- 8/16 位 SRAM/NOR Flash 接口,16 位 SDRAM 接口
- 硬件 NAND FLASH 控制器,支持 NAND FLASH 自启动
- 10 M/100 M 自适应以太网 MAC,支持 RMII 接口
- 64 KByte 高速片上 SRAM
- USB 1.1 Device,全速 12 Mbps
- 支持 I2S 音频接口
- 支持 MMC/SD 卡
- LCD 控制器,支持 16 位 TFT 彩屏和 STN 黑白、灰度屏,最大分辨率到 800×600
- RTC,支持日历功能/WatchDog,支持后备电源
- 10 通道 TIMER,支持捕获、外部时钟驱动和 MATCH OUT
- 4 通道 PWM,支持高速 GPIO
- 4 通道 UART,均支持红外
- 2 通道 SSI,支持 SPI 和 Microwire 协议
- 2 通道 SmartCard 接口,兼容 ISO 7816 协议
- 支持最多 97 个 GPIO,14 个外部中断
- 支持外部 DMA 传输
- 片上 DPLL,支持多种功耗模式,IDLE、SLOW、NORMAL、SLEEP
- 封装:LQFP176
- 主频:90 MHz
- 供电电压:内核 1.6 V~2 V;IO 1.7 V~3.6 V
- 工作温度:-40~+85 摄氏度

SEP4020 处理器的框架结构图如下:

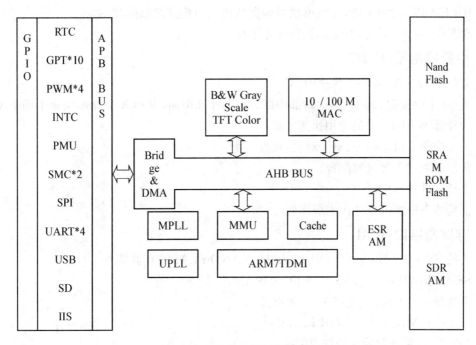

图 1.1　SEP4020 系统架构框图

典型应用

面向以 EPOS 为代表的交互式终端类应用(查询终端、自助服务终端、自助缴费终端等),兼顾工业控制类应用和低成本手持设备应用。

1.3　处理器功能综述

1.3.1　ARM720T 内核(CORE)

- 32 位 RISC 处理器架构——ASIX CORE
- 片上 ICE,支持各种基于 JTAG 的调试方案
- 片上 8 KByte 指令数据统一 Cache,写直达,使用随机替换算法
- 写缓存(write buffer),缓冲 8 个数据字和 4 个独立的地址
- 内存管理单元(MMU),基于段(section)和页(page)的存储器访问,其中页支持 4 KB 的小页和 64 KB 的大页,支持基于域的内存保护
- 64-entry 的 TLB,保证页表的快速存取
- 提供快速上下文切换扩充(FCSE, Fast Context Switch Extension)机制

1.3.2　时钟和功耗管理(PMU)

- 两个片上 DPLL,分别给系统和 USB 提供时钟
- 晶振输入 2~5 MHz(推荐使用 4 MHz 晶振输入)
- USB 专用 DPLL 频率 48 MHz,精度为±0.1 MHz,峰峰值抖动小于 30 ps
- 系统 DPLL 输出频率范围为 60~160 MHz,峰峰值抖动小于 200 ps
- 芯片主频软件可配,可以将 DPLL 输出分频至用户需要的主频
- 支持低功耗模式,共有四种功耗模式可供切换
- NORMAL:系统正常工作,不进行低功耗处理
- SLOW:时钟不经过 PLL,由外部晶振直接提供

- IDLE：CPU 时钟关闭，其他模块时钟保持进入该模式之前的频率
- SLEEP：除 RTC 外，其他模块都停止工作

1.3.3　中断控制器（INTC）

- 支持 IRQ 中断和 FIQ 快速中断
- 共 34 个中断源，其中 19 个内部中断，14 个外部中断（其中 3 个外部快速中断 FIQ），1 个为外部 WAKEUP 的专用快速中断
- 外部中断支持沿触发、电平触发，极性可配
- 普通中断优先级过滤配置
- 支持软件强制中断
- 支持所有中断的软件优先级配置

1.3.4　存储器接口（FMI）

- 支持 SRAM/SDRAM/NOR FLASH/NAND FLASH 存储器
- SRAM 存储器接口支持 8/16 位，SDRAM 仅支持 16 位
- 零地址片选 CSA 只支持 16 位数据接口
- 不支持 AMD 时序的 NOR FLASH
- 6 个片选，片选起始地址均可配：
  4 个片选（CSA，CSB，CSC，CSD）支持 SRAM/NOR FALSH，每个片选最大支持 16 Mbytes 地址空间
  2 个片选（CSE，CSF）支持 SRAM/SDRAM/NOR FLASH，该片选最大支持的 SDRAM 为 64 Mbytes
- SDRAM 特性：
  支持 JEDEC 标准的 SDRAM
  SDRAM 行地址宽度和列地址宽度可配：行地址范围 11～13 位，列地址范围 8～11 位
  Bank 地址位置可配，可以配置成 row 地址的高位，也可以配置成 row 地址的低位
  支持时序参数可配：tRCD/tCAS/tRP/tRFC/tRC/tXSR
  SDRAM 的自刷新时间可配，每次刷新的行数可配
  SDRAM 使用 Delay Precharge 模式
  支持 SDRAM 的 Powerdown 模式
  支持 SDRAM 的 SelfRefresh 模式
- NAND FLASH 特性：
  支持 JEDEC 标准的 NAND FLASH
  独立 NAND FLASH 片选
  支持 8 bitNAND FLASH，不支持 16 位 NAND FLASH
  地址支持 3 级、4 级和 5 级
  支持硬件 ECC 纠错，1 位纠错，多位报错。软件 ECC 可以由用户自主定义，最多支持 16 byte 的ECC 校验。硬件 ECC 可配置为开启或关闭
  NAND FLASH 时序参数可配，默认为最大可配参数
  支持单个 Page 的操作，即每次读写都是一个 Page，支持三种命令（全页、半页、校验位）
  Page 大小支持 512 byte，2 Kbyte
  支持 Ready/Busy
  不支持 write protect，系统上电和下电时的保护请参考 NAND FLASH 应用文档

不支持 power save mode

支持的 NAND FLASH 命令：Read，Read ID，Reset，Page Program，Block Erase，Read Status

1.3.5　液晶显示控制器（LCDC）

- 兼容 AMBA 2.0 规范
- 不支持 busy 传输，不支持 ERROR、SPLIT 和 RETRY 传输
- 支持 4、8 和 16 拍的成组传输，内部总线数据位宽固定为 32 位
- 显示模式：

  支持黑白屏

  支持 4 级和 16 级灰度的单色 STN 屏

  支持最高 65 536 色的彩色 TFT 屏
- 分辨率可配，最大支持 800×600 的分辨率，推荐使用 320×240 的分辨率
- 内部 20 级 4 比特的调色板，调色板软件配置
- 可编程控制的 AC 偏置信号
- 像素时钟由系统主频分频
- 使用内嵌的 DMA 方式进行取数据操作
- 深度为 16、宽度为 32 的 FIFO 用于缓存显示数据
- 大小印第安格式软件可配
- 每行的开始和结束等待时间软件可配
- 每帧的开始和结束等待时间软件可配
- 帧脉冲、行脉冲、像素时钟、像素信号和输出使能信号极性软件可配
- 可编程 FIFO 下溢中断

1.3.6　10/100 M 以太网（MAC）

- 兼容 IEEE 802.3 和 802.3 u 标准，支持 10/100 M 自适应以太网
- 支持半双工/全双工操作
- 仅支持 RMII 接口
- 自动 CRC 填充和校验
- 自动抛弃错误帧
- 支持网络监听
- 支持物理层 PHY 管理
- 支持全双工流控
- 支持短数据帧和长数据帧

1.3.7　DMA 控制器（DMAC）

- 6 个独立的 DMA 通道，支持双向传输
- 支持存储器到存储器、存储器到外设、外设到存储器的 DMA 传输
- 支持芯片外部 DMA 请求和响应
- 硬件配置 DMA 通道优先级
- 每个通道对应一组独立的编程寄存器
- 每个通道有对应的可编程的目标地址寄存器、源地址寄存器
- 每个通道有对应的可编程的传输类型（存储器到存储器，存储器到外设，外设到存储器）
- 每个通道有对应的可编程的 AMBA Burst 传输尺寸

- 每个通道有对应的可编程的通道使能
- 每个通道有对应的可编程的 DMA Burst 尺寸
- 地址产生可配置为递增或非递增,不支持卷址
- 软件配置 Burst 请求支持穿越 1 KB 地址边界
- 支持 GATHER 和 SCATTER 的地址生成方式
- 支持基于链表配置的 DMAC
- 支持锁通道功能
- 6 通道共用一个 16×32 bit FIFO
- 自动对数据进行打包、解包以适合 FIFO 宽度
- 可配置的传输控制方:外设或者 DMA 控制器本身
- 两个中断请求:DMA 错误和 DMA 传输完成中断请求

1.3.8 通用定时器/脉宽调制器(TIMER)

- 6 通道 32 位通用定时器,4 通道 16 位定时器
- 每个通道独立的计数器和控制寄存器
- 单次计数、重启计数和自由计数三种模式
- 4 个 32 位定时器支持外部输入捕捉功能

1.3.9 脉宽调制(PWM)

- 4 通道 PWM,每个通道有独立的 FIFO 和计数器
- 每个通道支持 3 种工作模式:PWM 模式、高速 GPIO 模式和 TIMER 模式
- 高速 GPIO 模式支持最小一个总线周期的输出和采样
- TIMER 模式支持单次计数和重启计数

1.3.10 实时时钟(RTC/WD)

- RTC 的年、月、日、时、分、秒计时器可以采用备用电池供电,保证掉电时保持日历
- 可设置定时中断。当前时间与设置时间相同时,RTC 即发出中断,提供月/日/小时/分钟的定时,不精确到秒
- 提供 WatchDog 功能,第一次 TIMEROUT 产生中断,如果在下次 TIMEOUT 发生时还没有得到软件服务,产生 WatchDog RESET,系统复位
- 提供 1/256 秒～1 秒软件可配置的连续采样中断,实时操作系统可以使用此中断作为进程切换的时间单位
- 提供秒中断、分中断、采样中断、定时中断和 WatchDog 中断
- 支持暂停(PAUSE)模式
- 提供闰年判断机制(支持 2004 年～2024 年)

1.3.11 串口/红外(UART/IrDA)

- 4 通道全双工操作 UART
- 5～8 位字符操作
- 可配置的奇偶校验(偶校验,奇校验,不用奇偶校验或固定校验位)
- 可配置的停止位(1,1.5,2 位)
- Break 产生和探测功能
- 16 级深度(字节宽度)的接收 FIFO,可配置触发级和超时中断
- 16 级深度(字节宽度)的发送 FIFO,可配置触发级中断

- 对 RTS，CTS 信号提供硬件控制流支持
- 4 位可屏蔽中断源，中断优先级处理，超时中断
- 支持串行红外接口物理层协议

1.3.12　外设接口(SSI)

- 支持串行 MASTER 操作模式
- 支持 SSI 两个片选
- 中断可独立屏蔽，中断包括：发送 FIFO 溢出信号，发送 FIFO 空信号，接收 FIFO 满信号，接收 FIFO 下溢信号以及接收 FIFO 的溢出信号
- 串行接口协议：
  Motorola Serial Peripheral Interface (SPI)四线全双工串行接口协议。时钟相位、极性有四种组合方式，时钟相位、极性的选择决定了传输是否以第一个发送时钟作为开始，停止时时钟是否保持为高电平等问题
  National Semiconductor Micro wire 半双工的串口协议。采用控制字串行传输，来协调 MASTER 设备与 SLAVE 设备的控制信息
- 时钟比特率(数据传输的串行比特率)动态控制，仅在串行 MASTER 模式下进行的操作

1.3.13　卡控制器(SMC)

- 兼容 ISO 7816 协议
- 支持 $T=0$ 和 $T=1$ 两种传输模式
- 等待时间可配

1.3.14　I2S 音频接口(I2S)

- 支持 MASTER 和 SLAVE 模式
- 支持 TRANSMITTER 和 RECEIVER 功能
- 支持 32、16、8 位音频数据字长
- 支持立体声和单声道
- 支持静音和停止播放
- 数据高位(MSB)先出/先入
- 接收发送共享 4×32 数据 FIFO
- 支持 DMA 传输模式

1.3.15　USB 客户端控制器(USBD)

- 兼容 USB 2.0 协议，FIFO 只支持 USB 1.1 协议
- 支持 USB 全速功能，最高 12 Mbps 传输速率
- 支持 1 个控制端点，2 个数据端点
- 具有远程唤醒功能
- 数据包大小可配位 8/16/32/64 Bytes
- 支持 DMA 传输模式

1.3.16　MC/SD 控制器(MMC/SD)

- 兼容 SD Spec ver 1.01/1.10 和 MultiMediaCard Spec ver4.X/3.X
- 支持 SD/MMC 1 bit/4 bit/8 bit modes，不支持 SPI 模式
- 支持 MMCplus and MMCmobile，支持 CEATA specifications(ver1.0)
- 支持所有命令集，包括 MMCA stream write and read

- 支持任意 block 数据长度
- SD 时钟的最高工作为 25 MHz
- 支持 SD/MMC 卡热插拔
- 支持数据 CRC16 和命令 CRC7 校验

1.3.17　通用输入输出（GPIO）

- 最多 97 个可配置 GPIO
- 14 个外部中断

1.3.18　工作电压、工作频率与封装

- 内核(Core)：1.6～2 V，典型值 1.8 V
- 输入输出(I/O)：2.7～3.6 V，典型值 3.3 V
- 工作环境： 40 -85 度
- 最高主频 100 MHz，推荐使用 96 MHz
- 176 LQFP，20 mm×20 mm

1.4　处理器的地址空间分配及地址映射

SEP4020 的主要外设以及外部存储器的地址映射如下表所示：

表 1.1　处理器地址映射表

Address	Description	Size
0x00000000～0x03FFFFFF	EMI(nCSA)	64 Mbytes(前 16 M 有效)
0x04000000～0x07FFFFFF	ESRAM	64 Kbytes
0x08000000～0x0FFFFFFF	RESERVED	
0x10000000～0x10000FFF	INTC	4 Kbytes
0x10001000～0x10001FFF	PMC	4 Kbytes
0x10002000～0x10002FFF	RTC/WD	4 Kbytes
0x10003000～0x10003FFF	TIMER	4 Kbytes
0x10004000～0x10004FFF	PWM	4 Kbytes
0x10005000～0x10005FFF	UART0	4 Kbytes
0x10006000～0x10006FFF	UART1	4 Kbytes
0x10007000～0x10007FFF	UART2	4 Kbytes
0x10008000～0x10008FFF	UART3	4 Kbytes
0x10009000～0x10009FFF	SSI	4 Kbytes
0x1000A000～0x1000AFFF	I2S	4 Kbytes
0x1000B000～0x1000BFFF	MMC/SD	4 Kbytes
0x1000C000～0x1000CFFF	SMC0	4 Kbytes
0x1000D000～0x1000DFFF	SMC1	4 Kbytes
0x1000E000～0x1000EFFF	USBD	4 Kbytes

续表

Address	Description	Size
0x1000F000～0x1000FFFF	GPIO	4 Kbytes
0x10010000～0x10FFFFFF	RESERVED	
0x11000000～0x11000FFF	EMI	4 Kbytes
0x11001000～0x11001FFF	DMAC	4 Kbytes
0x11002000～0x11002FFF	LCDC	4 Kbytes
0x11003000～0x11003FFF	MAC	4 Kbytes
0x11004000～0x11004FFF	RESERVED	
0x11005000—0x11005FFF	AMBA	4 Kbyte
0x11006000—0x1FFFFFFF	RESERVED	
0x20000000～0x23FFFFFF	EMI(nCSA)	64 Mbytes(前 16 Mbytes 有效)
0x24000000～0x27FFFFFF	EMI(nCSB)	64 Mbytes(前 16 Mbytes 有效)
0x28000000～0x2BFFFFFF	EMI(nCSC)	64 Mbytes(前 16 Mbytes 有效)
0x2C000000～0x2FFFFFFF	EMI(nCSD)	64 Mbytes(前 16 Mbytes 有效)
0x30000000～0x33FFFFFF	EMI(nCSE)	64 Mbytes
0x34000000～0x37FFFFFF	EMI(nCSF)	64 Mbytes
0x38000000～0xFFFFFFFF	RESERVED	

1.5　UB4020EVB 实验开发板介绍

本开发板主要是为客户提供一款基于东南大学 ASIC 工程中心自主设计的嵌入式处理器 SEP4020 的开发平台,该板包含了大部分外设功能的测试。同时考虑客户前期评估、二次开发的方便性,在提供评估板的同时,为客户提供各功能模块的测试代码以及详细的使用说明。使客户能够很快对处理器的功能获得一个相对完整的了解和认识。

1.5.1　UB4020EVB 教学系统材料清单

- UB4020EVB(V1.5)开发板一块
- UB4020EVB—BCT(V1.0)键盘显示板一块
- 5 V/3 A 电源适配器一个
- 串口连接电缆一根
- USB 连接电缆一根
- 开发资料光盘一张
- 包装清单一份

1.5.2　硬件特性

MCU(Micro Control Unit)

　　— SEUIC SEP4020

　　— 0.18 μm 工艺

CPU

— ARM720T

— 3 级流水线设计

— 8 KByte 指令、数据缓存

主频

— 88 MHz(标称频率 96 MHz)

内存

— 32 MByte SDRAM(可扩展至 64 MByte)

— 16 bit Bus Width

FLASH

— Nand Flash

— 64 MByte(可升级到最大 2 GByte)

— Nor Flash

— 2 MByte(最大可扩充到 16 MByte)

LCD 显示输出

— 通用液晶屏幕接口,支持单色、4 级、16 级灰度、TFT 真彩液晶屏幕

— 最大分辨率 800×600

1.5.3 其他硬件接口

— 10/100 M 自适应网络接口

— 总线扩展接口

— 16bit 数据总线

— 21bit 地址总线

— 3 个片选信号

— 外部中断

— 读写信号

— 3 个 PWM 扩展接口

— 外设等待、应答信号

— 定时器输入捕获和输出比较接口

— GPIO 扩展口

— 2 路 SSI

— LCD 扩展接口,16 bit 真彩

— SD 卡接口

— 2 个简化 RS232 串行口

— 两路智能卡控制接口

— 1 路 SD/MMC 卡接口(支持热插拔)

— 外部复位、远程唤醒按键输入

— 音频输入、输出以及录音输入接口

— USB DEVICE 接口(USB1.1)

— JTAG 标准 20pin 接口(1.54 mm 间距)

— 5 V 电源接口

1.5.4　开发板实物图

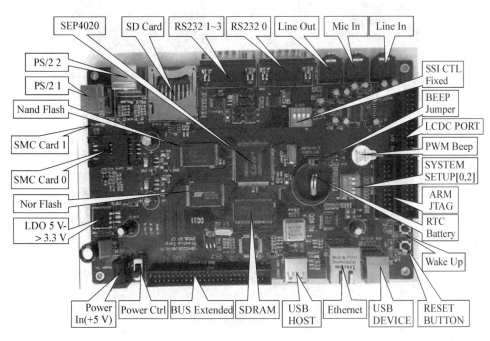

图 1.2　评估板主板实物图

图 1.3　显示键盘子板实物图

图 1.4　整机连接示意图

1.5.5　主要功能模块

表 1.2　主要功能模块表

主处理器	SEP4020@100 MHz	
SDRAM 存储器	4 MB×4×16 bit	32 MByte
NOR FLASH 存储器	1 MB×1×16 bit	2 MByte
Nand Flash 存储器	64 MB×1×8 bit	64 MByte
IIS	外接 UDA1341 实现音频接口,音频输出和 MIC 录音输入	
串口	两路 RS232 电平串口,两路 TTL 串口输出	
IC 卡	一路标准 IC 卡接口	
MMC/SD 卡	一个标准的 MMC/SD 卡接口,支持热插拔和在线检测	
PSAM	两路智能卡控制器接口外扩标准的 PSAM 卡接口,可读写符合 ISO 7816 的 Memory 卡和 CPU 卡	
PWM	一路 PWM 控制蜂鸣器,跳线控制使能	
Ethernet	DM9161E 实现 10/100 Mbps 自适应以太网口	
USB DEVICE	标准的 USB DEVICE 接口,兼容 USB1.1 协议	
USB HOST	通过总线外扩 S1D72V17 实现 USB 1.0 HOST 功能,可支持 USB 1.0 DEVICE 接口;	
LCD	外扩 LCD 接口,支持 TFT 显示,标配 320×240 TFT 彩屏,最高支持 800×600 分辨率,评估板兼容 128×64 点阵液晶屏,支持 12 bit 高精度触摸接口	
RTC	提供标准的 RTC 模块,年、月、日、时、分、秒,定时精确到分,提供后备电池接口	
扩展接口	将控制信号以及地址、数据总线以及电源、地全部外扩	
调试接口	JTAG 调试接口	
测试点	提供+5 V、3.3 V、1.8 V、GND 以及 50 MHz 时钟测试点	
PCB	双面丝印 4 层板 188 mm×122 mm	

1.5.6　注意跳线

J1：1—2 相连,表示接 5 V 电压

　　　3—2 相连,表示接 3.3 V 电压

J2：连接 on,表示 Nor Boot 启动

　　　不连接 off,表示 Nand Boot 启动

J4：连接 on,表示蜂鸣器使能

　　　不连接 off,表示蜂鸣器不使能

JP7：表示对应 UART COM3 口输出

　　　　表示对应 UART COM2 口输出

S1：ON 状态,表示 Use for Audio L3 Bus

　　　OFF 状态,表示 Use for Default Func

1.6　开发工具 ADS 与 Jlink 驱动安装

1.6.1　ADS 安装步骤

Step1：双击 Setup.exe,进行安装,如下图所示：

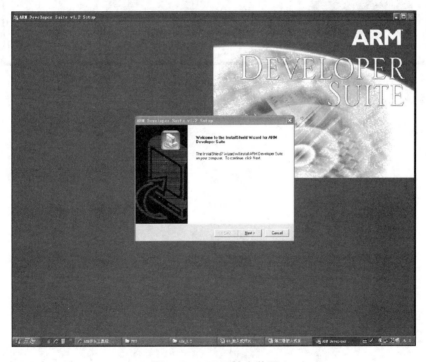

图 1.5　ADS 开始安装图

Step2：一路 Next,程序开始安装

Step3：直到安装完毕

Step4：跳出 ARM License Winzard,点击下一步

Step5：选择 Install License,点击下一步

Step6：填入你的 Code,点击下一步

Step7：点击下一步,直至完成

Step8：在程序安装主界面点击"Finish",完成安装

1.6.2　J-Link 安装步骤

　　找到 Jlink driver 文件夹，点击 Setup_JLinkARM_V400. exe 安装文件，点击"Setup_JLinkARM_V400. exe"，一路 Next，直至安装完成。如下图所示：

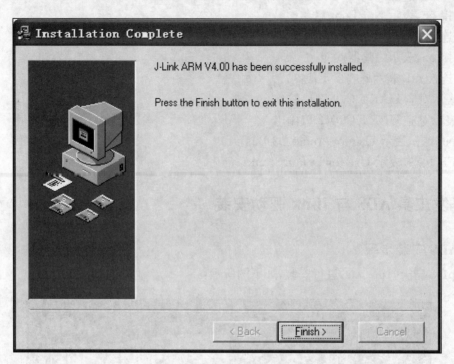

图 1.6　ADS 安装完成

第二章　基础实验

实验 1　ARM 汇编实验

一、实验目的

1. 了解 ARM 汇编语言编程上的特点和优点；
2. 掌握 ARM 汇编编程基本方法和格式；
3. 自行编写简单的 ARM 汇编程序，调试运行。

二、实验设备

1. 安装有 ADS 1.2 的电脑一台；
2. 基于 SEP4020 的嵌入式开发系统一套。

三、预备知识

1. ARM 体系结构基础

ARM（Advanced RISC Machines)是一家英国公司，它只出售芯片技术授权而从不生产芯片。ARM 是 RISC(RISC 精简指令集计算机)芯片，从体系结构上共定义了 6 个版本，且指令集功能不断扩大。

ARM 体系结构的变种：

● Thumb 指令集：(T 变种)是将 ARM 指令集的一个子集重新编码形成的。与 ARM 指令不同的是：ARM 指令长度是 32 位的，Thumb 指令长度是 16 位；

● 长乘法指令：(M 变种)增加了两条进行长乘法操作的 ARM 指令；

● 增强型 DSP 指令：(E 变种)增加了一些附加指令用于增强处理器对一些典型的 DSP 算法的处理性能；

● Java 加速器 Jazelle：(J 变种)提供了 java 加速功能；

● ARM 媒体功能扩展：(SIMD 变种)提供了高性能的视、音频处理技术。

ARM 处理器模式：

● 用户模式 usr

● 快速中断模式 fiq

● 外部中断模式 irq

● 特权模式 svc

● 数据访问中断模式 abt

● 未定义指令中断模式 und

● 系统模式 sys

ARM 寄存器：

ARM 有 37 个寄存器，其中：

通用寄存器：31 个(包括程序计数器 PC)，都为 32 位；

状态寄存器：6 个,32 位(目前只使用 12 位)。

通用寄存器又可分为：

未备份寄存器:R0～R7(所有模式都是同一个)

备份寄存器:R8～R15,其中:

R8～R12 各对应 2 个,R13、R14 各对应 6 个不同的物理寄存器。

R13 常用作栈指针

R14 称为连接寄存器

R15 是程序计数器,又被记做 PC

| | | Privileged modes | | | | |
| | | | Exception modes | | | |
User	System	Supervisor	Abort	Undefined	Interrupt	Fast interrupt
R0	R0	R0	R0	R0	R0	R0
R1	R1	R1	R1	R1	R1	R1
R2	R2	R2	R2	R2	R2	R2
R3	R3	R3	R3	R3	R3	R3
R4	R4	R4	R4	R4	R4	R4
R5	R5	R5	R5	R5	R5	R5
R6	R6	R6	R6	R6	R6	R6
R7	R7	R7	R7	R7	R7	R7
R8	R8	R8	R8	R8	R8	R8_fiq
R9	R9	R9	R9	R9	R9	R9_fiq
R10	R10	R10	R10	R10	R10	R10_fiq
R11	R11	R11	R11	R11	R11	R11_fiq
R12	R12	R12	R12	R12	R12	R12_fiq
R13	R13	R13_svc	R13_abt	R13_und	R13_irq	R13_fiq
R14	R14	R14_svc	R14_abt	R14_und	R14_irq	R14_fiq
PC	PC	PC	PC	PC	PC	PC
CPSR	CPSR	CPSR	CPSR	CPSR	CPSR	CPSR
		SPSR_svc	SPSR_abt	SPSR_und	SPSR_irq	SPSR_fiq

图 2.1　ARM 寄存器组织结构

有的寄存器是各模式公用的,有的是各模式有自己的独立的物理寄存器。图中带黑色三角的寄存器就表示是该工作模式下特有的寄存器。

2. 学习汇编语言的重要性

● 帮助你从根本上彻底和完全了解芯片的结构和性能以及工作原理,知道如何使用。

● 在小的芯片上实现小的系统。

● 系统的调试。尽管你使用了高级语言,在调试中可以帮助你了解 C 代码的性能和特点,甚至找到使用开发平台本身的 BUG。

● 编写时序要求严格的代码,实现一些高级语言不易实现的功能。

四、实验原理

1. ARM 汇编语言编写的基本规则:

1)ARM 支持的文件格式:＊.S ＊.INC ＊.C ＊.H

2)汇编书写格式:

　　　[标号]＜指令|条件|S＞ ＜操作数＞ [;注释]

　　　　所有标号顶格写,后面不加":";

　　　　所有指令不能顶格写;

　　　　区分大小写;

　　　　注释符号为";"

　3)标号代表一个地址,分三种:基于 PC 的标号、基于寄存器的标号、绝对地址;

　4)符号:代表地址、变量和数字常量;

　5)宏定义及使用

　　　　MACRO

　　　　...

　　　　MEND

　6)子程序的调用:

　　　　使用 BL 指令进行调用,该指令会把返回的 PC 值保存在 LR 中。

　7)数据块复制:LDMIA/STMIA

　8)栈操作:ARM 使用存储器访问指令 LDM/STM 实现栈操作,用于子程序中的寄存器的
　　　保存。

　9)对信号量的支持:ARM 提供一条内存与寄存器交换的指令 SWP,用于支持信号量的操
　　　作,实现系统任务之间的同步与互斥。

　10)三级流水线:ARM7TDMI 使用三级流水线执行指令——取指,解码,执行。因此程序
　　　计数器总是超出当前执行的指令两条指令。因为有这个流水线,在跳转时丢失 2 个指
　　　令周期,所以最好利用条件执行指令来避免浪费周期。

2. C 与汇编混和编程

　内嵌汇编

　　　__asm

　　　{

　　　　...

　　　}

　　C 与汇编相互调用:在 C 程序和 ARM 汇编程序之间相互调用必须遵守 ATPCS。该部分
内容将在下一次实验中详细介绍。

3. ARM 汇编的基本类型

　ARM 指令格式一般为:<opcode> {<cond>}{s}　　　<Rd>, <Rn> {, <opcode2>}

　　Opcode　　　　　指令助记符,如 LDR, STD 等

　　Cond　　　　　　执行条件,如 EQ, NE 等

　　S　　　　　　　是否影响 CPSR 寄存器的对应位,有"S"时影响 CPSR

　　Rd　　　　　　目标寄存器

　　Rn　　　　　　第一个操作数的寄存器

　　opcode2　　　　　第二个操作数

　ARM 汇编语言主要有以下几类:

　1)数据处理指令

　　　数据传送指令:MOV, MVN

　　　算术逻辑运算指令:ADD, SUM, AND 等

　　　比较指令:CMP, TST, TEQ 等

2）load/store 指令：

例：LDR　　　R1，=♯0x0；　　　　　　　　　　;立即数 0 放到 R1 中

　　LDR　　　　R2，=♯0x30000000　　　　　　;立即数 0X30000000 放到 R2 中

　　STR　　　R1，[R2]　　　　　　　　　　;R1 放到 R2 值代表的地址中去

3）分支指令：

ARM 中有两种方式可以实现程序的跳转，一种是使用跳转指令直接跳转，另一种则是直接向 PC 寄存器赋值实现跳转。跳转指令有跳转指令 B，带链接的跳转指令 BL 和带状态的跳转指令 BX。

B　LOOP1　　　　　　;跳转到标号 LOOP 处（相对当前地址＋/－32 M 地址范围内）

BL LOOP2　　　　　　;将下一条指令的地址拷贝到 R14 中，然后跳转

　　　　　　　　　　;（常用于子程序调用）

BX R0　　　　　　　;跳转到 R0 指定的地址，并根据 R0 的最低位来切换处理器状态

　　　　　　　　　　;（ARM 或者是 THUMB）

4）状态字指令：

对状态寄存器的读写，必须通过特殊的状态寄存器指令来完成，即 MRS 和 MSR：

MRS　　　R1，　　CPSR　　　　　　　;将 CPSR 状态寄存器值读取到 R1 中

MSR　　　CPSR_C，R2　　　　　　　;将 R2 值写入到 CPSR 状态寄存器，并影响 C 标识

对于 MSR 指令，其格式如下：

MSR{cond}　　　psr_fields，　　＜♯immed_8r＞，{＜Rm＞}

　　Fields 为指定传送的区域，可以为以下的一种或多少（小写）

　　c 控制域屏蔽字节（psr[7…0]）

　　x 扩展域屏蔽字节（psr[15…8]）

　　s 状态域屏蔽字节（psr[23…16]）

　　f 标志域屏蔽字节（psr[31…24]）

　　immed_8r 要传送到状态寄存器指定域的立即数，8 位；

　　Rm 要传送到状态寄存器指定域的数据的源寄存器。

5）异常产生指令：

SWI：软中断指令，用于产生软中断，从而实现从用户模式变换到管理模式，CPSR 保存到管理模式的 SPSR 中，执行转移到 SWI 向量，在其他模式下也可以使用 SWI 指令，同样也切换到管理模式。

SWI 9：软中断，中断立即数为 9，SWI 异常中断处理程序就可以提供服务。

6）协处理器指令：

ARM 支持协处理器操作，协处理器的控制要通过协处理器命令实现。在此对这类指令不多做介绍。

7）伪指令：

ARM 伪指令不是 ARM 指令集中的指令，只是为了方便编译器编程而定义的指令，使用时可以像其他 ARM 指令一样使用，但在编译时这些指令将被等效的 ARM 指令代替。

ARM 伪指令有四条：ADR，ADRL，LDR，NOP。

ADR 用于小范围的地址读取伪指令，如：

ADR　　　　R2，　　LOOP　　　　　;将 LOOP 的地址放入 R2

ADRL 用于中等范围的地址读取,如:

ADR　　　　R3,　　LOOP　　　　　　　　;将 LOOP 的地址放入 R3

LDR 用于大范围的地址读取伪指令,加载 32 位的立即数或一个地址值到指定寄存器。常用于加载外围功能部件的寄存器地址(32 位立即数),以实现各种控制操作。

LDR　　　　R0,　　=0X123456　　　　;加载 32 位立即数 0X123456 到 R0

LDR　　　　R0,　　=DATA_BUF+60　　　　;加载地址 DATA_BUF+60

NOP 可用于延时操作。

4. ARM 的多种寻址方式

1) 寄存器寻址:

操作数在寄存器中,指令中的地址码字段指出的是寄存器编号,指令执行时直接取出寄存器值操作。

MOV　　R1,　　R2　　　　　　　;R2-> R1

SUB　　R0,　　R1,　　R2　　　　;R1-R2-> R0

2) 立即寻址:

立即寻址指令中的操作码字段后面的地址码部分就是操作数本身,也就是说,数据就包含在指令当中,取出指令也就取出可以立即使用的操作数(立即数)。

SUBS　　R0,　　R0,　　♯1　　　　　　;R0-1-> R0

MOV　　R0,　　♯0X12345678　　　　;0X12345678-> R0

立即数要以“♯”为前缀,表示 16 进制数值时以“0X”表示。

3) 寄存器偏移寻址:

寄存器偏移寻址是 ARM 指令集特有的寻址方式,当第二操作数是寄存器偏移方式时,第二个寄存器操作数在与第一个操作数结合之前,选择进行移位操作。

MOV　　R0,　　R1,　　LSL　　♯2　　　;R1 的值左移 2 位,结果放入 R0 中,即

　　　　　　　　　　　　　　　　　　　;R0=R1 ∗ 4

4) 寄存器间接寻址:

寄存器间接寻址指令中的地址码给出的是一个通用寄存器编号,所需要的操作数保存在寄存器指定地址的存储单元中,即寄存器为操作数的地址指针。

LDR　　　　R1,　　[R2]　　　　　;将 R2 中的数值作为地址,取出该地址中

　　　　　　　　　　　　　　　　　;的数据保存到 R1 中

5) 基址寻址:

基址寻址是将基址寄存器的内容与指令中给出的偏移量相加,形成操作数的有效地址。基址寻址用于访问基址附近的存储单元,常用于查表、数组操作、功能部件寄存器访问等。

LDR　　R2,　　[R3,♯0X3]　　　;将 R3 中的数值加 3 作为地址,取出该地

　　　　　　　　　　　　　　　　;址上的数值保存在 R2 中

6) 多寄存器寻址:

多寄存器寻址就是一次可以传送多个寄存器值,允许一条指令传送 16 个寄存器的任何子集或者所有寄存器。

LDMIA　　　　R1!,{R2-R7,R12}　　　;将 R1 单元中数据依次读出到

　　　　　　　　　　　　　　　　　　;R2~R7,R12 中,R1 自动累加

STMIA　　　　R0!,{R3-R6,R10}　　　;将 R3~R6,R10 中的数据依次保存

　　　　　　　　　　　　　　　　　　;到 R0 指向的地址,R1 自动累加

7) 堆栈寻址：

堆栈是按特定顺序进行存取的存储区,操作顺序分为"后进先出"和"先进后出",堆栈寻址是隐含的,它使用一个专门的寄存器(堆栈指针)指向一块存储区域(堆栈),指针所指向的存储单元就是堆栈的顶。存储器堆栈可分为两种：

向上生长：向高地址方向生长,称为递增堆栈

向下生长：向低地址方向生长,称为递减堆栈

堆栈指针指向最后压入堆栈的有效数据项,称为满堆栈；堆栈指针指向下一个要放入的空位置,称为空堆栈。这样就有 4 种类型的堆栈表示递增和递减的满堆栈和空堆栈的组合：满递增(LDMFA/STMFA)、空递增(LDMEA/STMEA)、满递减(LDMFD/STMFD)和空递减(LDMED/STMED)。括号里为相关操作指令。

```
STMFD        SP!，{R1-R7，LR}      ;将 R1～R7 和 LR 入栈,满递减堆栈。
LDMFD        SP!，{R1-R7, LR}      ;数据出栈,放入 R1～R7,LR 中。满
                                   ;递减堆栈。
```

8) 块拷贝寻址：

多寄存器传送指令用于一块数据从存储器的某一位置拷贝到另一位置。

```
STMIA        R0!，{R1-R6}          ;将 R1～R6 的数据保存到 R0 表示地址的
                                   ;存储器中,存储器指针在保存第一个
                                   ;值之后增加,增长方向为向上增长。
STMIB        R0!，{R1-R6}          ;将 R1～R6 的数据保存到 R0 表示地址的
                                   ;存储器中,存储器指针在保存第一个
                                   ;值之前增加,增长方向为向上增长。
```

9) 相对寻址：

相对寻址是基址寻址的一种变通,由程序计数器 PC 提供基准地址,指令中的地址码字段作为偏移量,两者相加后得到的地址即为操作数的有效地址。

```
BL     HANDLER                    ;调用 HANDLER 子程序
BEQ    LOOP                       ;条件跳转到标号 LOOP 处
```

5. Thumb 指令集

Thumb 指令可以看作 ARM 指令压缩形式的一个子集,它是针对代码密度的问题提出来的,它具有 16 位的代码密度。Thumb 不是一个完整的体系结构,不能指望处理器只执行 Thumb 指令而不支持 ARM 指令集。因此 Thumb 指令只需要支持通用功能,必要时可以借助完善的 ARM 指令集,比如,所有异常自动进入 ARM 状态。

编写 Thumb 指令时,先要使用伪指令 CODE16 来声明,而且在 ARM 指令中要使用 BX 指令跳转到 Thumb 指令,以切换处理器状态。编写 ARM 指令时,则可使用伪指令 CODE32 声明。

有关具体的 Thumb 指令编程,在熟悉 ARM 汇编指令后可以加以学习研究,在本次实验中暂时不展开表述。

五、实验内容

1) 熟悉常用汇编指令基本用法；

2) 熟悉常用各类寻址方式的汇编编程；

3) 熟悉常用汇编堆栈基本操作。

六、实验步骤

1. 数据处理和基本寻址方法：

打开\asm_lab\asm_lab.mcp 项目文件。编译通过后运行 AXD，打开寄存器观察窗口和内存观察窗口，为运行做好准备。

注：本次实验可以脱离开发板完成，但需要在 **AXD Option\Configure Target** 菜单下设置选择 **Armulator** 作为运行目标：

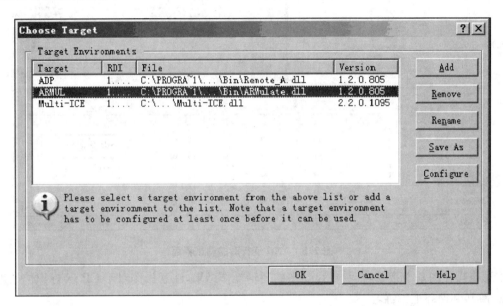

图 2.2　Configure Target 设置

在 AXD 工具栏上有几个常用按钮，需要在调试过程中经常用到，如下列图所示：

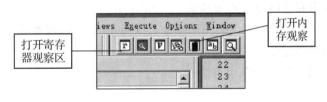

图 2.3　工具栏快捷键 1

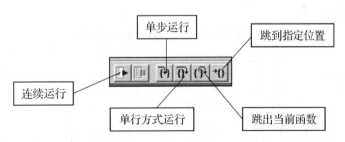

图 2.4　工具栏快捷键 2

手动按 F8 键，单步运行，在寄存器窗口中可以看到寄存器内容变化，在内存窗口中可以观察内存变化。

注：把鼠标停放在寄存器和变量名上少许时间，就能直接看到寄存器值或变量值。

熟悉和掌握 LDR/STR 格式的方式和方法，同时注意思考各条语句属于何种寻址方式。熟悉

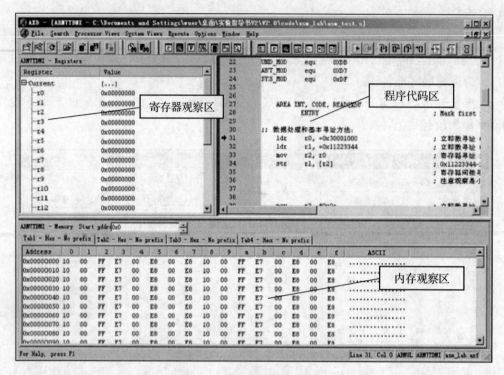

图 2.5　AXD 运行时的调试界面

汇编中逻辑操作的基本指令,查看寄存器中的逻辑操作结果,注意操作对于 CPSR 标识位的影响。

2. 跳转和循环汇编练习

单步运行第二部分汇编代码,观察寄存器值的变化。类似于 C 语言中的循环控制方法,可以实现数据复制等等功能。

3. 程序状态字相关和堆栈相关汇编联系

学习和掌握通过改变 CPSR 来切换 ARM 核工作模式的方法,观察在不同的模式下改变的是哪些寄存器,CPSR 的保存过程等等。

掌握堆栈操作(压栈,出栈)的基本方法。

4. 子程序调用

掌握子程序调用和返回的基本方法。

5. 综合汇编编程练习

仿照上述汇编例程,自行修改或编写一定的练习代码,运行调试。

七、代码例程

1. 宏定义

SVC_MOD	equ	0XD3
IRQ_MOD	equ	0xD2
FIQ_MOD	equ	0XD1
UND_MOD	equ	0XDB
ABT_MOD	equ	0XD7
SYS_MOD	equ	0xDF

2. 数据处理和基本寻址方法

ldr　　　　　r0,=0x30001000　　　　　　　　;立即数寻址

```
ldr        r1, ＝0x11223344              ;立即数寻址
mov        r2, r0                        ;寄存器寻址 r0->r2
str        r1, [r2]                      ;0x11223344->[0x30001000]
                                         ;寄存器间接寻址
                                         ;注意观察是小印第安序存储格式!
subs       r5, r1, r2                    ;带符号减法运算,注意 CPSR flag 位
                                         ;变化
adds       r6, r2, ♯0x6                 ;地址累加
strh       r5, [r6]                      ;->[0x30001006]半字存储

ands       r7, r5, r1                    ;逻辑与操作
orr        r7, r7, ♯0xff                ;逻辑或操作,低 8 位置 1
bic        r8, r7, ♯0xff00              ;位清除操作,15～8 位置 0
```

3. 汇编跳转、循环编程

```
add    r1, r0, ♯0x30                    ;写入目标首地址
mov    r2, ♯0x5                         ;循环次数
mov    r3, ♯0                           ;写入数据
MOVE                                     ;标号 MOVE,必须顶格写!
str    r3, [r1]                          ;数据存入目标地址
sub    r2, r2, ♯1                       ;循环数递减
add    r1, r1, ♯4                       ;地址累加
add    r3, r3, ♯4                       ;数据变化,便于观察
cmp    r2, ♯0x0                         ;使用比较判断,实现循环
                                         ;次数控制
bne    MOVE                              ;跳转指令,如果循环未完成,则继续
                                         ;循环
```

4. PSR、堆栈相关汇编

```
ldr        sp, ＝SP_SVC                 ;初始化当前模式的 sp,即 SVC 模式下
                                         ;的指针
stmfd      sp!,{r1-r12, pc}             ;将一些寄存器压栈(SVC 模式栈),注
                                         ;意 SP 的变化,满递减栈,向下增长
                                         ;首先被压栈的是最后的参数 pc(当前
                                         ;值＋8)!!
ldr        r1, ＝UND_MOD                ;通过改变 CPSR 切换模式(例中为 UND)
msr        cpsr_cf, r1                   ;改变 cpsr
ldr        sp, ＝SP_UND                 ;设置堆栈指针值,注意现在是在 UND
mov        r1, r0
mov        r2, ♯0                       ;改变一些寄存器的值
mov        r3, ♯1
mov        r4, ♯2
ldmia      r1!,{r2－r6}                 ;内存->多寄存器操作,观察改变的是
```

```
                                          ;哪些寄存器
stmfd        sp!,{r1-r12, pc}             ;将一些寄存器压栈(UND 模式栈),注
                                          ;意 SP 的变化

ldr          r1,=SVC_MOD                  ;切换回 SVC 模式,注意现在的 SP 值
msr          cpsr_cxsf, r1
ldmfd        sp!,{r1-r12}                 ;出栈操作,查看 SP 变化和出栈顺序,
                                          ;首先出栈的应该是 r1
```

5. 子程序调用
```
bl           NOPONLY                      ;在 bl 执行时,下一条指令的地址被保
                                          ;存到 lr 中以便调用完成后返回
```

八、思考总结

1. 在编程过程中,如果常用寄存器已经用完怎么办?

2. 为什么说条件执行要比跳转效率高?

3. 向一个不对齐的地址上写入数据(如向 0x30001001 上写一个 word),会发生么情况?

实验 2　C/汇编混合编程实验

一、实验目的

1. 了解 C 语言和汇编语言在混合编程上的特点和优点；
2. 学习 C/汇编混合编程基本方法；
3. 自行编写混合编程程序,调试运行。

二、实验设备

1. 安装有 ADS 1.2 的电脑一台；
2. 基于 SEP4020 的嵌入式开发系统一套。

三、预备知识

1. ARM 体系结构的基本知识；
2. C 语言和 ARM 汇编语言的基本编程能力。

C 语言编程是嵌入式系统开发人员的基本技能,在此就不多做展开叙述,在后续的实验里我们会逐步接触到 C 语言编程的技巧和方法。

ARM 汇编语言是上次实验的主要内容,本次实验不再重复。

四、实验原理

在嵌入式系统开发中,目前使用的主要编程语言是 C 和汇编,C++已经有相应的编译器,但是现在使用还是比较少的。在稍大规模的嵌入式软件中,例如含有 OS,大部分的代码都是用 C 编写的,主要是因为 C 语言的结构比较好,便于人的理解,而且有大量的支持库。尽管如此,很多地方还是要用到汇编语言,例如开机时硬件系统的初始化,包括 CPU 状态的设定、中断的使能、主频的设定以及 RAM 的控制参数及初始化。一些中断处理方面也可能涉及汇编。另外一个使用汇编的地方就是一些对性能非常敏感的代码块,这是不能依靠 C 编译器来生成代码的,而要手工编写汇编,达到优化的目的。而且,汇编语言是和 CPU 的指令集紧密相连的,作为涉及底层的嵌入式系统开发,熟练掌握汇编语言的使用也是必需的。

在需要 C 与汇编混合编程时,若汇编代码较简单,则可以直接使用内嵌汇编的方法混合编程；否则,可以将汇编文件以文件的形式加入项目中,通过 ATPCS 规定与 C 程序相互调用、访问。

APTCS,即 ARM/Thumb 过程调用标准(ARM/Thumb Procedure Call Standard),它规定了一些子程序间调用的基本规则,如子程序调用过程中的寄存器使用规则、堆栈的使用规则、参数的传递规则等。

单纯的 C 或者汇编编程请参考相关的书籍或者手册,本次实验主要讨论 C 和汇编的混合编程,包括相互之间的函数调用。下面分四种情况来进行讨论。

1. 在 C 语言中内嵌汇编

在 C 中内嵌的汇编指令包含大部分的 ARM 和 Thumb 指令,可以实现一些高级语言没有的功能,提高程序的执行效率。不过它和汇编文件中的指令在使用上有些不同,存在一些限制,主要有下面几个方面：

1) 不能直接向 PC 寄存器赋值,程序跳转要使用 B 或者 BL 指令；
2) 在使用物理寄存器时,不要使用过于复杂的 C 表达式,避免物理寄存器冲突；
3) R12 和 R13 可能被编译器用来存放中间编译结果,计算表达式值时可能将 R0 到 R3、R12 及 R14 用于子程序调用,因此要避免直接使用这些物理寄存器；

4) 一般不要直接指定物理寄存器,而让编译器进行分配;

5) 常量在内嵌汇编中,前面的"♯"可以忽略;

6) 不要用寄存器代替变量,避免寄存器冲突;

7) 无需保存和恢复寄存器值。

内嵌汇编使用的标记是 ＿asm 或者 asm 关键字,用法如下:

```
＿asm
    {
        ……
        ……                    /＊注释＊/
    }
```

或者

```
    asm("……");
```

在这里 C 和汇编之间的值传递是用 C 的指针来实现的,因为指针对应的是地址,所以汇编中也可以访问。

2. 在汇编中使用 C 定义的全局变量

内嵌汇编不用单独编辑汇编语言文件,因此比较简洁,但是有诸多限制,所以当汇编的代码较多时一般放在单独的汇编文件中。这时就需要在汇编和 C 之间进行一些数据的传递,最简便的办法就是使用全局变量。

可以在 C 语言函数体外申明一个全局变量,并在需要用到该变量的汇编语言文件中用关键字 IMPORT 申明该变量即可。

3. 在 C 中调用汇编的函数

在 C 中调用汇编文件中的函数,要做的主要工作有两个,一是在 C 中声明函数原型,并加 extern 关键字;二是在汇编中用 EXPORT 导出函数名,并用该函数名作为汇编代码段的标识,最后用"mov pc, lr"返回。然后,就可以在 C 中使用该函数了。从 C 的角度,并不知道该函数的实现是用 C 还是汇编。更深层的原因是因为 C 的函数名起到表明函数代码起始地址的作用,这个和汇编的 label 是一致的。

C 和汇编之间的参数传递是通过 ATPCS(ARM Thumb Procedure Call Standard)的规定来进行的。简单地说就是如果函数有不多于四个参数,对应的用 R0～R3 来进行传递,多于 4 个时借助栈,函数的返回值通过 R0 来返回。

在 C 语言文件中使用汇编语言文件中定义的函数,需要用关键字 extern 申明该函数名(即汇编语言中的标号),然后就可以像调用普通的 C 语言函数一样调用该函数了。

4. 在汇编中调用 C 的函数

在汇编中调用 C 的函数,需要在汇编中 IMPORT 对应的 C 函数名,然后将 C 的代码放在一个 C 文件中进行编译,剩下的工作由连接器来处理。

在汇编中调用 C 的函数,参数的传递也是通过 ATPCS 来实现的。需要指出的是当函数的参数个数大于 4 时,要借助堆栈(stack),具体见 ATPCS 规范。

本次实验主要是针对上述几类 C/汇编语言的基本使用方法进行熟悉和掌握,所采用的程序可以在 Armulator 指令模拟器上执行。

五、实验步骤

1. 打开\lab_c_asm \MCP\lab_c_asm. mcp 项目,根据实验所选用的开发板(GE00、GE01、GE02)和仿真器(Enterprise、USB 2.0)在 common 目录下 config. h 文件中打开或关闭相应的宏;

2. 打开附件\通讯\超级终端,选择 com1 串口,即 JTAG 右边的口,在 com1 的属性对话框中选择"还原为默认值"。

3. 编译通过后按下工具栏内的"Debug"键运行 AXD。

4. 在 AXD 配置中的\option\Configure target\选择 Armul 作为运行目标(因为本次实验可以不涉及到具体的硬件,所以可以全部代码在模拟器 Armulator 上直接运行即可)。

5. 点击"运行"按钮,AXD 会自动停止在 main()断点处。

6. 进入顶层函数 c_asm_lab()中,单步进入 inline_asm(),观察在 C 语言中直接使用内嵌汇编的特点和方法。全速运行后在超级终端中会看到有通过串口输出的打印信息。

7. 理解和掌握 C 语言直接内嵌汇编的基本方法。

8. 理解和掌握 C 语言和汇编语言相互调用的基本方法。

9. 注意外部函数和变量的申明方法。

10. 根据所学的基本知识,进行一些基本 C/汇编语言的编程操作练习。

六、代码例程

1. 全局变量和外部汇编函数的申明:

```
char  * a="forget it and move on!";
U32 k=0xf;
extern void ASM_FOR_C(U32 x);
```

2. C 语言中内嵌汇编的方法:

```
void my_strcpy(const char * src, char * dest)
{
char ch;
    __asm
    {
        loop:
        ldrb ch, [src], #1
        strb ch, [dest], #1
        cmp        ch, #0
        bne        loop
    }
}
```

3. 汇编文件中对外部函数的申明和引用方法:

```
EXPORT      ASM_FOR_C
IMPORT    multi
IMPORT    k
```

4. 汇编中调用 C 语言函数的方法:

```
AREA TEST, CODE, READONLY
    EXPORT      ASM_FOR_C
    IMPORT    multi
    IMPORT    k
ASM_FOR_C
    ldr        r5, =k
```

```
        ldr         r6，[r5]
        add         r6，r6，♯1
        str         r6，[r5]

        stmfd       sp!，{lr}
        bl          multi
        str         r0，[r5]

        ldmfd       sp!，{lr}
        mov         pc，lr
    END
```

七、思考总结

　　本次实验通过几个简单的 C/汇编程序演示了嵌入式开发中常用的 C 和汇编混合编程的一些方法和基本的思路,其核心的问题就是如何在 C 和汇编之间传值,剩下的问题就是各自用自己的方式来进行处理。更详细和复杂的使用方法要结合实际应用并参考相关的资料。

实验 3　通用输入输出 GPIO 实验

一、实验目的

掌握 SEP4020 的 GPIO 口的控制；

二、实验设备

1. 硬件：HOST 机一台、基于 SEP4020 的嵌入式开发系统一套，USB 仿真器一套。

2. 软件：Windows 2000 或 XP 操作系统、ADS 开发环境、调试器驱动程序，key 范例源程序。

三、预备知识

查看 SEP4020 的芯片管脚以及各个模块的原理图。

四、实验原理

通过 GPIO 口的高低控制蜂鸣器的开关。

五、实验内容

通过 GPIO 口的高低控制蜂鸣器的开关。

六、实验步骤

1. 正确连接 PC 机、调试器和 SEP4020 开发平台；

2. 连接开发板配套的 5 V/3 A DC 电源适配器，打开电源，并检查对应的电源指示灯是否工作正常；

3. 到实验例程所在的目录下打开 GPIO 实验工程项目，找到 GPIO.mcp 文件，打开该文件进入 ADS 调试界面；

4. 点击 make 编译，通过后点击 debug 调试程序进入 AXD 界面；

5. 点击运行后暂停，并在 AXD 中 File 菜单中点击 Reload Current Image；

6. 进入 main.c 程序后点击全速运行；

7. 根据终端里的提示进行相应的操作控制蜂鸣器。

七、代码例程

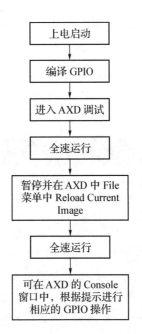

图 2.6　GPIO 实验的总体流程图

第三章　Linux 开发环境和 U-Boot 实验

3.1　建立嵌入式 Linux 开发环境

实验 1　安装虚拟机 Vmware Workstation

　　在我们提供的光盘中找到 VMware-workstation 安装程序，双击安装（在安装的过程中可能会比较慢，请耐心等待）。在点击"NEXT"后，选择"Typical"（典型安装），然后一路"NEXT"直到"Finish"，重启计算机。双击安装完成后的 VM 文件，弹出如图 3.1 所示的对话框。

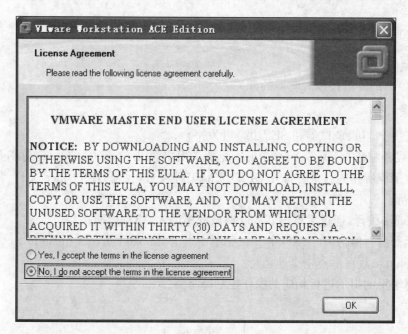

图 3.1

　　选择"No"点击 OK，完成安装。
　　在打开的 VM 下选择"Help->Enter Serial Number"，如图 3.2 所示，输入许可证号、用户名和公司名，选择"OK"，完成注册。

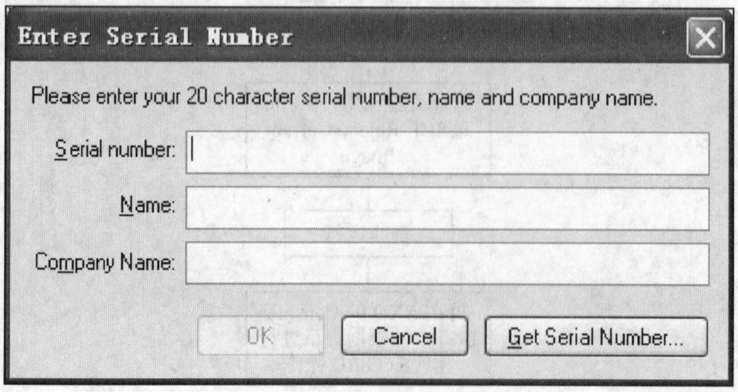

图 3.2

实验 2　安装 Fedora7 操作系统

1. 新建虚拟机

在打开的 VM 下选择"File->New->Virtual Machine"打开如图 3.3 所示的对话框。

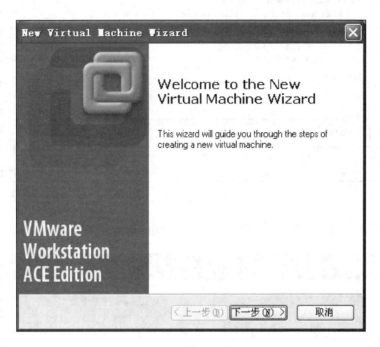

图 3.3

选择两次"下一步"打开如图 3.4 所示的对话框(并按照图 3.4 进行选择)。

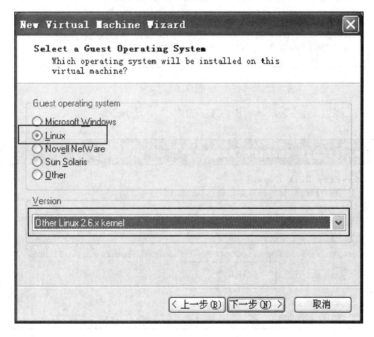

图 3.4

点击"下一步",填写虚拟机名称和保存的位置(用户按自己的实际情况填写),如图 3.5 所示。

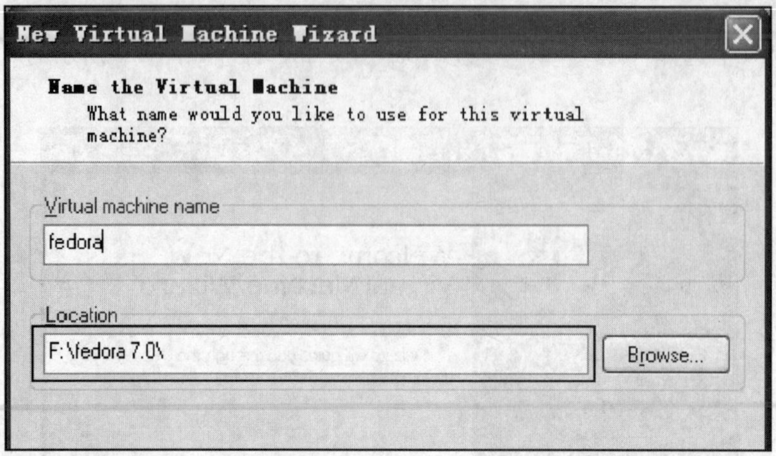

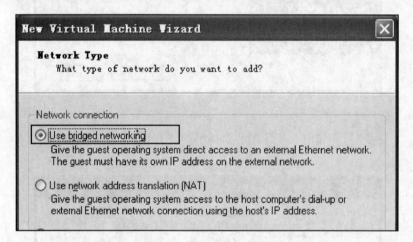

图 3.5

点击"下一步"选择网络类型,选择默认的"Use bridge networking"(桥接),如图 3.6 所示。

图 3.6

点击"下一步",选择"Disk Size"为 16 GB。如图 3.7 所示。

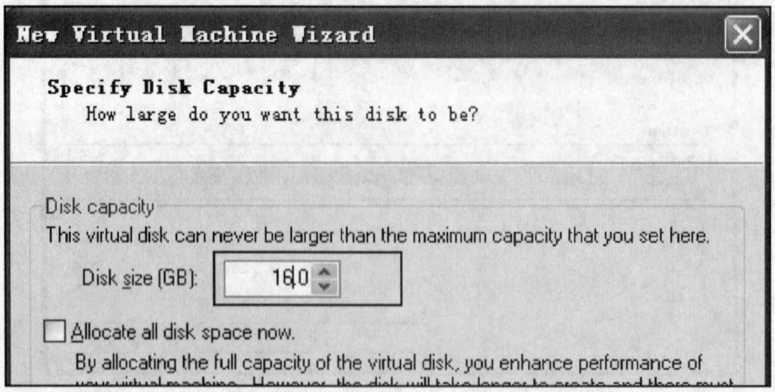

图 3.7

点击"完成"后的界面应如图 3.8 所示:

图 3.8

在点击"Start"之前,我们还要对内存进行配置(我们这里配置为 740MB),如图 3.9 所示。

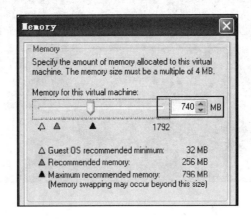

图 3.9

2. 在虚拟机中安装 Fedora 7 操作系统

给 CD-ROM 插入镜像文件(图 3.10)。

图 3.10

点击"Start"可能会出现图 3.11 的提示信息,我们点"Yes"忽略。

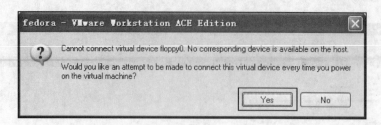

图 3.11

然后就进入了 Fedora 的安装界面(如图 3.12 所示)。在图 3.12 选择第一个选项,按回车确定。

图 3.12

注意:您可能会发现,这个时候鼠标被锁定在虚拟机里面,如果想回到 Windows 下,可以用组合键 Ctrl+Alt。

接下来按列出的图片进行操作,没有特别说明的操作表示"默认操作",对选项不做任何修改,直接点"下一步"。

用 TAB 键选择"SKIP",在出现的图 3.13 下选择"NEXT",在以下的界面中选择语言为简体中文(图 3.14)。

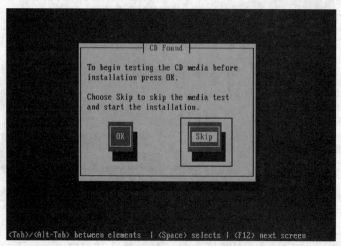

图 3.13

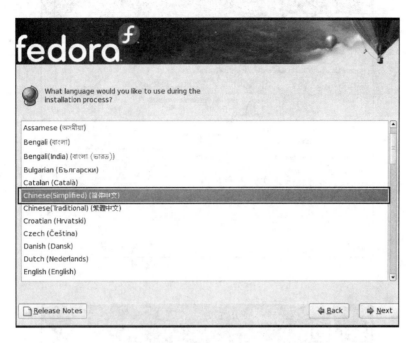

图 3.14

点击"Next"，要求选择键盘的类型，我们选择默认的"美国英语式"，点"下一步"在出现的对话框中选择"是(Y)"(图 3.15)。

图 3.15

在弹出的图 3.16 中，选择"是"。

然后时区选择"亚洲/上海"，点"下一步"，出现图 3.17，要求用户输入"根用户"口令，该口令是用户以 root 用户登录系统时的密码。

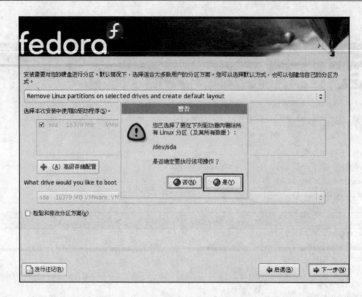

图 3.16

图 3.17

将软件开发和网络服务器也选上,然后点"下一步"。

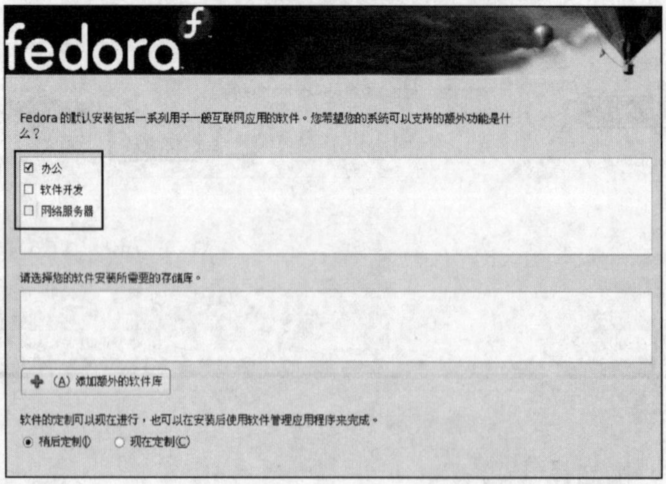

图 3.18

"在所选定要安装的软件包中检查依赖关系"提示出现后,表示 Linux 进入安装过程中了,整个过程大概需要 40 分钟,请用户耐心等待,如图 3.19 所示。

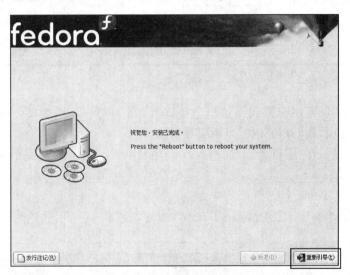

图 3.19

经过漫长的等待，最后出现如图 3.20 所示，就表示 Linux 已经顺利安装完成了。我们暂时还不能使用系统，点击"重新引导"，还有一些常用的设置需要完成。

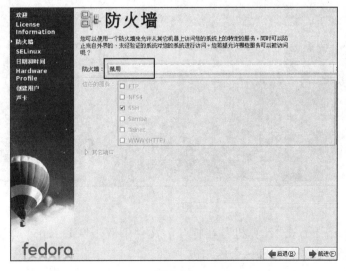

图 3.20

在点"重新引导"后，会出现如图 3.21 所示的欢迎界面，在"前进"两步之后，将"防火墙"选择"禁用"。

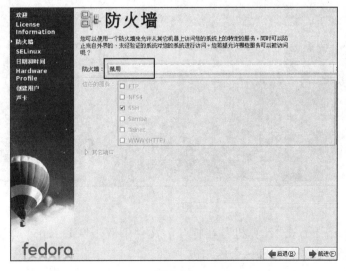

图 3.21

直接按"前进",一直到如图 3.22 所示的界面出现时。选择"Do not send profile"按"前进"会弹出新对话框,选择"No,do not send"。

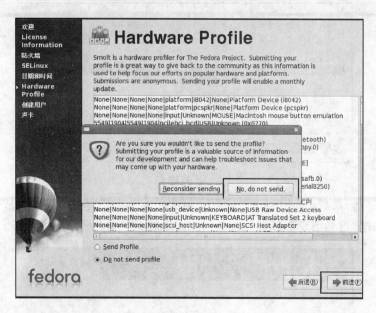

图 3.22

以后系统会提示"创建用户",我们这里直接以 root 用户登录,不需要创建用户,所以直接点"前进"。出现声卡选项,我们点完成。重新引导系统。

在出现登录界面后,在"用户名"后面输入:root(根用户),按回车,会提示输出"口令"(就是之前提示输入的密码)。

3. 安装 Vmware Tools

第一步:点击"VM->Install Vmware Tools",出现如图 3.23 所示的界面,点击 Install。

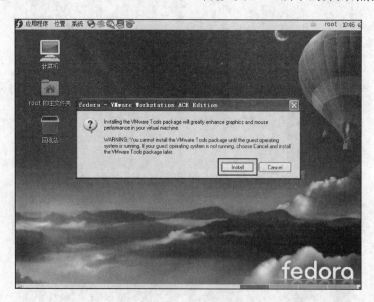

图 3.23

第二步:在 Fedora 下双击"计算机",在打开的文件下双击"CD-ROM 驱动器",如图 3.24 所示,有一个 RPM(包管理器文件)和一个压缩包。

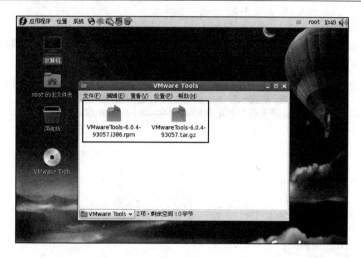

图 3.24

第三步：双击 RPM 文件，出现图 3.25 所示的"正在安装软件包"，单击"应用"在弹出的对话框中选择"无论如何都安装"。

图 3.25

第四步：在安装完成之后会有一个提示，点击"OK"即可。

当然，我们也可以省去第二到四步，而使用另一种方法来安装 VM Tools。

首先，将 RPM 文件拷到"/root"目录下，然后将 Fedora 的"应用程序->系统工具->终端"打开，在其中输入"rpm-ivh VMwareTools-6.0.4-93057.i386.rpm"，如图 3.26 所示。

图 3.26

第五步：在终端下依次输入："cd /usr/bin"和"./vmware-config-tools.pl"

第六步：一路按回车，直到出现分辨率选择时候，为你的虚拟机选择适合的分辨率（图 3.27），完了之后重启虚拟机。

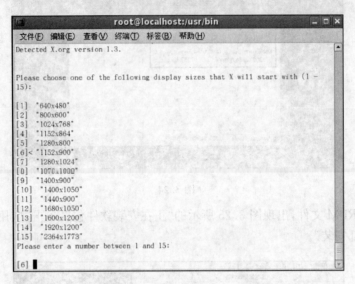

图 3.27

重启之后，会发现分辨率变了，而且鼠标不会被锁定在虚拟机里面了，更好的是 Windows XP 下的文件可以直接拉到虚拟机里面，这样使以后的开发更加方便。

为了以后的方便，我们还应该将"应用程序->系统工具->终端"也拉到桌面上来，而不要每次还要找半天。

实验 3　安装交叉编译工具 arm-linux-gcc

1. 首先,下载一个源码包:arm-linux-gcc-3.4.1.tar.bz2。

2. 将源码包拷贝到根目录"/"下,解压后确认目录为:"/usr/local/arm/3.4.1/"。

3. 添加环境变量到系统中:打开"/etc/bashrc",并在 bashrc 文件的最后一行添加:"export PATH=/usr/local/arm/3.4.1/bin:$PATH",保存,此时环境变量已经添入系统。

4. 只要在终端中输入"arm-linux-gcc-v",会出现如图 3.28 所示信息,代表交叉编译工具已经安装成功,如果没有图 3.28 信息,再检查前面几步有没有出错。

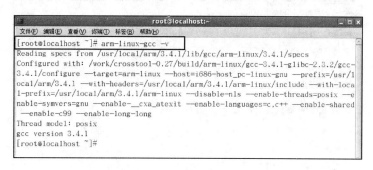

图 3.28

实验 4　配置网络文件系统 NFS

nfs 文件系统服务

1. 主机端的 nfs 配置

在 Fedora 下点击"系统->管理->网络",双击你的网络配置,选择静态设置 IP 地址,填入你的 IP,子网掩码和网关(比如本机是 192.168.0.3;255.255.255.0;192.168.0.1),如图 3.29 所示。

图 3.29

点击"确认",再点击"激活",会跳出图 3.30,再点击"是"。

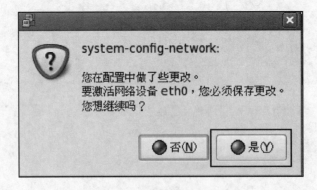

图 3.30

在虚拟机下配置虚拟机的网卡"edit->virtual network setting->Host virtual network mapping"添加一个真实的网卡,并按"应用","确定",如图 3.31 所示。

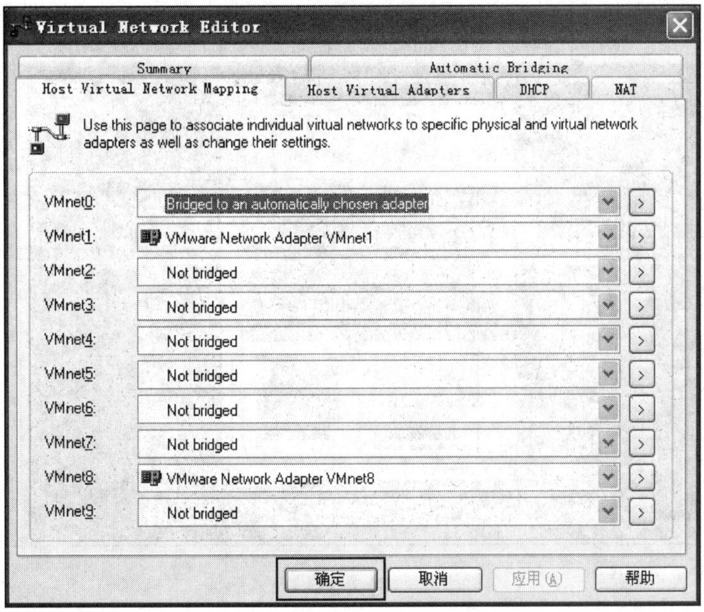

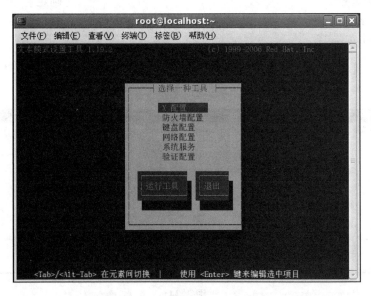

图 3.31

编辑文件"/etc/exports"，添加 nfs 目录的支持：

/nfs 192.168.0.2(rw,sync,no_root_squash)

其中 192.168.0.2 是开发板的 IP；"/nfs"表示 nfs 共享目录，它可以作为开发板的根文件系统；rw 表示挂接此目录的客户机对该目录有读写的权利；no_root_squash 表示允许挂接此目录的客户机享有该主机的 root 身份，保存。

在终端下输入"setup"（图 3.32），将"系统服务"中的 netconsole、netplugd、nfs 服务选上。并按 tab "确定""退出"，如图 3.33 所示。

图 3.32

图 3.33

在终端中输入"service nfs restart"。

［root@localhost ～］# service nfs restart

关闭 nfs mountd：   ［失败］

关闭 nfs 守护进程：   ［失败］

关闭 nfs quotas：   ［失败］

关闭 nfs 服务：   ［确定］

启动 nfs 服务：   ［确定］

关掉 nfs 配额：   ［确定］

启动 nfs 守护进程：   ［确定］

启动 nfs mountd：   ［确定］

［root@localhost ～］#

在根目录下添加 nfs 文件夹（这个文件系统可在 www. armfans. net 网站上下到），文件结构如图 3.34 所示：

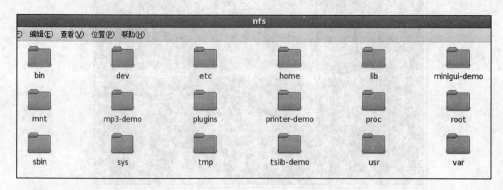

图 3.34

重启电脑，主机端的 nfs 设置完成。

2. 开发板端的 nfs 配置

1) 开发板端的配置比较简单,主要是修改 bootargs 参数,修改后的参数应为:

set bootargs root＝/dev/nfs rw nfsroot＝192.168.0.3:/nfs ip＝192.168.0.2:192.168.0.3:
192.168.0.1:255.255.255.0:sep4020:eth0:off console＝ttyS0,115200 mem＝32mb

修改后敲入 save 命令,将开发板和主机用直连网线相连接,开启开发板会看到已经把 nfs 文件系统挂载上去了:

·················(以上省略)

IP-Config:Gateway not on directly connected network.

Looking up port of RPC 100003/2 on 192.168.0.3

Looking up port of RPC 100005/1 on 192.168.0.3

VFS:Mounted root (nfs filesystem).

Freeing init memory:120K

nfs:server 192.168.0.3 not responding,still trying

nfs:server 192.168.0.3 OK

init started:BusyBox V1.9.2 (2008-08-15 10:15:54 CST)

starting pid 243,tty":'/etc/init.d/rcS'

＊＊＊＊＊＊＊＊＊＊＊＊＊＊＊＊＊＊＊＊＊＊＊＊＊＊＊＊＊＊＊＊＊＊＊＊＊＊

SEP4020 ARM Linux-2.6.16 SDK 3.1

＊＊＊＊＊＊＊＊＊＊＊＊＊＊＊＊＊＊＊＊＊＊＊＊＊＊＊＊＊＊＊＊＊＊＊＊＊＊

♯ mount all..........

♯ Starting mdev........

starting pid 236, tty":'-/bin/sh'

♯ mount all..............

♯ Starting mdev.............

starting pid 251,tty":'/bin/sh'

hwclock:can't open '/dev/misc/rtc':No such file or directory

/♯

至此整个 nfs 配置完毕。

如果使用 nfs 的时候,发现错误为"unable to open an initial console",如下所示:

＜6＞eth0:Link now 10-HalfDuplex

IP-Config:Guessing netmask 255.255.255.0

IP-Config:Gateway not on directly connected network.

Looking up port of RPC 100003/2 on 192.168.0.3

Looking up port of RPC 100005/1 on 192.168.0.3

VFS:Mounted root (nfs filesystem).

Freeing init memory 116K

Warning:unable to open an initial console.

请检查你的主机/nfs 文件夹下是否有 console 这个文件,如果没有,请在终端下输入指令:

mknod /nfs/dev/console c 5 1

如果有时候发现网络文件系统不能用,请依次检查主机端和开发板端配置,一般问题都在里面。

2) nfs 文件系统介绍

空间无限大(内容是存储在主机上,不受开发板存储大小的限制),与开发板的交互方便(内容是存储在主机上,只要替换个主机文件夹)。

/bin 目录下是常用的命令

/dev 目录下是所有设备

/etc 目录下是系统的配置文件

/lib 目录下是所有的库文件(glib,tslib,miniguilib)

/sbin 目录下是一些高级命令

/usr 目录下存放了用户常用的文件

/tmp 是临时文件夹,断电后该文件夹内的所有文件将会消失

3.2　U-Boot 实验(NandFlash 启动)

实验 1　烧录 U-Boot、Linux 内核与 Yaffs 文件系统

　　SEP4020 NandFlash 烧写器是专用于烧写型号为 **SAMSUNG K9F1208U0C** 的 NandFlash(其大小为 64 MB,包含 4 096 块,每块 32 页,每页为 528 Bytes)而设计的。具有烧写方便,速度快,稳定性很高等特点,用户可以通过烧写器烧录自己的 U-Boot、Kernel、FS 等镜像文件,同时,用户还可以自定义烧写镜像文件到 NandFlash 任意位置。

　　NandFlash 烧写器界面介绍:

　　1. NandFlash 菜单栏介绍:

　　菜单栏包含"操作"、"Flash"和"选项"三个选项:

　　操作:包含"重新连接"和"复位"两个选项。"重新连接"主要是用来 PC 和开发板的重新连接;"复位"主要是实现 JLINK 的复位操作。

　　Flash:包含"擦除"、"烧写"和"校验"三个选项。"擦除"主要实现对 NandFlash 的擦除操作,包括整片擦除和区域擦除,区域擦除可以自定义 NandFlash 擦除的起始页和块数目,"带坏块"是当用户自己做出坏块(不是真正的坏块),但现在想去掉这些坏块的时候就可以选用"带坏块"选项;"烧写"用于烧写选定的镜像文件,与"下载"功能类似;"校验"用于校验选定的镜像文件。

　　选项:包含"查看日志"和"在线帮助"两个选项。"查看日志"用于查看用户的操作记录;"在线帮助"用于链接到相应的技术论坛,为用户提供在线帮助。

　　2. Burn Linux 介绍,如图 3.35 所示:

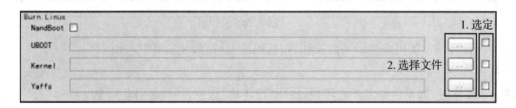

图 3.35

　　Burn Linux 区域主要用来选定和选择要烧写的镜像文件。注意是先选定后选择,用户选定后,即可选择镜像文件所在的目录。NandBoot 只需选定即可烧写 NandBoot. bin 文件。Yaffs 对应的文件系统镜像必须是 YAFFS 文件系统。

　　3. Burn Custom 介绍,如图 3.36 所示:

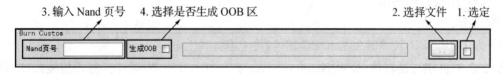

图 3.36

Burn Custom 区域主要用来自定义镜像文件在 NandFlash 中的烧写位置。"Nand 页号"用来指定烧写的位置,"生成 OOB"用来选择是否在您所选择的文件中添加 ECC 校验。注意同样是先选定后选择。

4. Tips 介绍,如图 3.37 所示:

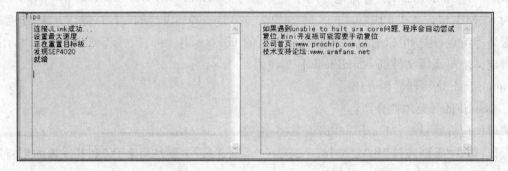

图 3.37

Tips 区域分为左右两个半区,左半区主要用来显示一些操作流程的相关信息,右半区主要显示为用户提供一些帮助的相关信息。

5. Indicator 介绍,如图 3.38 所示:

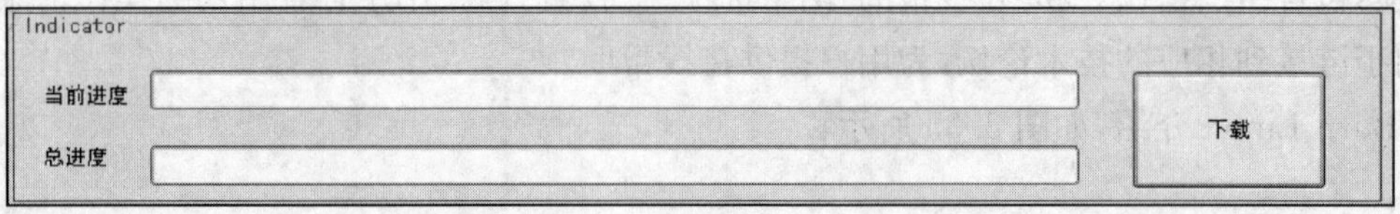

图 3.38

Indicator 区域主要用来显示当前操作(包括擦除、烧写和校验)的进度信息。

注意:

● 在擦除时,如果遇到真正的坏块,使用"带坏块"选项,坏块擦除不掉的。

● 在烧写时,u-boot.bin 的烧写对应 NandFlash 的起始地址是 0x00004000,即 NandFlash 的第二块起始地址;vmlinux.img 的烧写对应 NandFlash 的起始地址是 0x00100000(第二个分区 mtdblock1);root_yaffs.bin 的烧写对应 NandFlash 的起始地址是 0x00600000(第三个分区 mtdblock2)。

NandFlash 烧写器可以根据镜像文件的大小判断烧写大小。

● 校验:用于对已烧写镜像文件进行校验,判断其烧写是否正确。先选定后校验。

NandFlash 烧写器使用:

烧写步骤:

第一步:使用 JLINK 将开发板和 PC 相连,接上电源并上电。

第二步:打开烧写器软件,烧写 NandBoot.bin 和 u-boot.bin,根据步骤进行相关操作,烧写完毕会跳出如图 3.40 所示对话框,表明烧写成功。

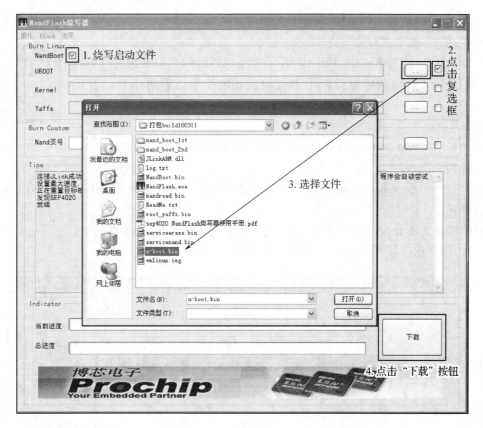

图 3.39

图 3.40

第三步：烧写内核和文件系统，其步骤与第二步类似。

第四步：至此，整个过程烧写完毕。

第五步：若你在烧写 Kernel，FS(YAFFS)时是以以上的烧写地址进行烧写的，那么在 U-Boot 启动后可以按以下进行设置环境变量或者可以自己改动 u-boot 源码。

图 3.41

设置如下：

SEP4020＝＞set bootcmd nand read 0x30007fc0 0x00100000 0x00200000\；bootm 0x30007fc0

SEP4020＝＞set bootargs root＝/dev/mtdblock2 console＝ttyS0,115200 rootfstype＝yaffs

校验步骤

以校验镜像文件 u-boot.bin 文件为例，进行相关说明，其他镜像文件类似：

第一步：选定和选择要校验的镜像文件，如图 3.42 所示：

图 3.42

第二步：选择菜单栏"Flash"中的选项"校验"，在 Tips 区域会显示相关信息，当前进度和总进度也会显示校验进度，如图 3.44 所示，校验完毕后提示如图 3.45 所示对话框，表明校验完毕。

图 3.43

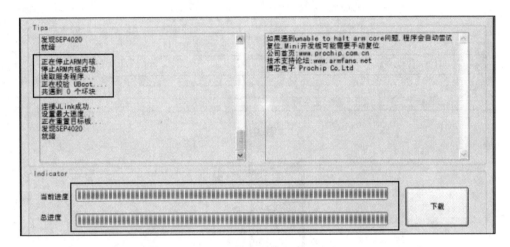

图 3.44

图 3.45

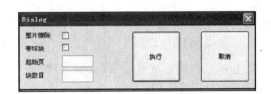

图 3.46

擦除步骤

第一步：选择菜单栏"Flash"中的"擦除"选项，会弹出如图 3.46 所示的对话框。

第二步：选择是"整片擦除"或"区域擦除"。

1. 整片擦除

在"整片擦除"右边的复选框上选中，然后选择是否带坏块，最后点击"执行"按钮就可以擦除了，"当前进度条"会显示擦除的进度，擦除结束后就会弹出如图 3.49 所示对话框，显示擦除成功和遇到坏块的数目。

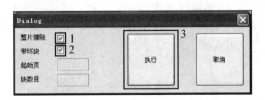

图 3.47

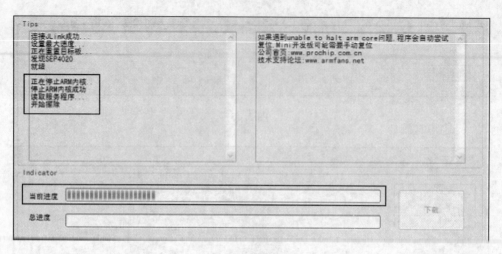

图 3.48

图 3.49

2. 区域擦除

在"起始页"输入你所要擦除块的首页,注意:这里输入的是所要擦除块的第一页的页号(比如:如果你输入的是 0x1 表示的是第一页(这里第一页相当于是第二页,因为 NandFlash 中块的第一页是用第 0 页表示的),就会报错,"块数目"就是从"起始页"开始,要擦除的块的数目。注意:如果从"起始页"开始,要擦除"块数目"超出 NandFlash 64M 的范围就会报错。如果输入参数正确,点击"执行"按钮就可以擦除了,"当前进度条"会显示擦除的进度。

图 3.50

图 3.51

注意:

1. 当选择整片擦除的时候,区域擦除是不可以输入的,只能选择其一。

2. 如果在擦除时遇到弹出"unable to halt ARM core"和"无法与服务程序进行通信"的对话框,解决方法和烧写时遇到的方法一样。

实验 2　U-Boot 常用命令

1. print 命令——查看 U-Boot 环境变量

由于是第一次烧写，此时的环境变量为默认值。

SEP4020＝＞print

bootargs＝

//这个参加将会传递给 Linux 操作系统，现在空着，以后详解

bootcmd＝bootm 20000 f0000

//启动命令，将在启动延时后执行的命令

bootdelay＝5　　　　　　//启动延时，建议修改为 1

baudrate＝115200　　　　//波特率 115200

ethaddr＝00:50:c2:1e:af:fb　　　//网卡的 mac 地址

ipaddr＝172.17.22.189　　　//开发板的 ip 地址

serverip＝172.17.22.183　　　//服务器(PC 机)的 ip 地址

gatewayip＝172.17.22.1　　　//网关地址(直连可以不填)

netmask＝255.255.255.0　　　//子网掩码

bootfile＝"B2-rootfs/usr/B2-zImage.U-Boot"　//无用，可删除

stdin＝serial

stdout＝serial

stderr＝serial

Environment size: 261/16380 bytes　　　//环境变量容量

SEP4020＝＞

2. help 命令——帮助命令

运行 help 可以看到 U-Boot 中所有命令的作用，如果要查看某个命令的使用方法，可以运行：help [命令名]。由于篇幅限制，不能介绍所有命令，下面介绍会经常用到的命令，更详细的资料可以查阅 U-Boot 相关书籍。

U-Boot 命令一览：

SEP4020＝＞help

?　　　　-alias for 'help'

autoscr　-run script from memory

base　　-print or set address offset

bdinfo　-print Board Info structure

boot　　-boot default, i.e., run 'bootcmd'

bootd　　-boot default, i.e., run 'bootcmd'

bootelf　-Boot from an ELF image in memory

bootm　-boot application image from memory

bootp　　-boot image via network using BootP/TFTP protocol

bootvx　-Boot vxWorks from an ELF image

cmp　　-memory compare

coninfo　-print console devices and information

cp　　　-memory copy

crc32　　-checksum calculation

```
date        -get/set/reset date & time
dhcp        -invoke DHCP client to obtain IP/boot params
echo        -echo args to console
erase   -erase FLASH memory
flinfo  -print FLASH memory information
go        -start application at address 'addr'
help     -print online help
iminfo     -print header information for application image
imls     -list all images found in flash
itest       -return true/false on integer compare
loadb   -load binary file over serial line (kermit mode)
loads   -load S-Record file over serial line
loop       -infinite loop on address range
md       -memory display
mm       -memory modify (auto-incrementing)
mtest   -simple RAM test
mw       -memory write (fill)
nand    -NAND sub-system
nboot     -boot from NAND device
nfs        -boot image via network using NFS protocol
nm       -memory modify (constant address)
ping       -send ICMP ECHO_REQUEST to network host
printenv  -print environment variables
protect   -enable or disable FLASH write protection
rarpboot  -boot image via network using RARP/TFTP protocol
reset      -Perform RESET of the CPU
run         -run commands in an environment variable
saveenv  -save environment variables to persistent storage
setenv    -set environment variables
sleep       -delay execution for some time
tftpboot  -boot image via network using TFTP protocol
version   -print monitor version
```

3. set 命令——设置环境变量

使用方法如下：set［参数］［内容］

例如：

SEP4020=＞set bootdelay 1

如果一个参数带有多条指令,需要如下设置:set［参数］［内容］\；［参数］［内容］两条指令用［\；］隔开。

例如：

SEP4020=＞set bootcmd tftp 30007fc0 vmlinux. img \；bootm 30007fc0

用 print 查看显示效果：

SEP4020=＞print

bootdelay＝1

bootcmd＝tftp vmlinux. img 30007fc0；bootm 30007fc0

……

4. save 命令——保存环境变量

设置完环境变量后需要使用 save 命令来保存环境变量，这样开机后就不会出现环境变量错误的警告了。

SEP4020＝＞save

Saving Environment to Flash...

Un-Protected 1 sectors

Erasing Flash...

done

Erased 1 sectors

Writing to Flash... done

Protected 1 sectors

SEP4020＝＞

5. ping 命令——测试网路命令

功能很简单，比 pc 上的弱很多，如下：

SEP4020＝＞ping 192. 168. 0. 1

host 192. 168. 0. 1 is alive

6. tftp 命令——简单文件传输命令

前提条件是在主机上，将和开发板连接的网卡 IP 设为 192. 168. 0. 1，并运行 tftpd32. exe 软件，把要传输的文件放在 tftpd32. exe 所在的同一个文件夹下面。

以下指令的作用是将 vmlinux. img 文件传输到内存的 31000000 地址，结束后可以看到文件大小。

SEP4020＝＞tftp 31000000 vmlinux. img

TFTP from server 192. 168. 0. 1；our IP address is 192. 168. 0. 2

Filename 'vmlinux. img'.

Load address：0x31000000

Loading：＃＃＃＃＃＃＃＃＃＃＃＃＃＃＃＃＃＃＃＃＃＃＃＃＃＃＃＃＃＃＃＃＃＃＃＃＃
＃＃
＃＃
＃＃
＃＃
＃＃
＃＃
＃＃＃＃＃＃＃＃＃＃＃＃＃＃＃＃＃＃＃＃

done

Bytes transferred＝1619176 (18b4e8 hex)

SEP4020＝＞

7. 修改适合 SEP4020 开发板的环境变量

为了方便交流和测试，开发时希望大家能够统一 IP 地址，设定如下：

主机：192. 168. 0. 1

开发板:192.168.0.2

虚拟机:192.168.0.3

SEP4020=>print

baudrate=115200

ethaddr=00:50:c2:1e:af:fb

netmask=255.255.255.0

stdin=serial

stdout=serial

stderr=serial

bootdelay=1

bootcmd=tftp vmlinux.img 30007fc0;bootm 30007fc0

ipaddr=192.168.0.2

serverip=192.168.0.1

bootargs=root=/dev/mtdblock2 console=ttyS0,115200 rootfstype=cramfs mem=32mb

其中 bootargs 和 bootcmd 参数说明如下:

● bootargs 参数

bootargs 参数是启动时传递给 Linux 操作系统的信息,其配置语句为:

set bootargs root=/dev/mtdblock2 console=ttyS0,115200 rootfstype=cramfs mem=32mb

root:/dev/mtdblock2 表示从 nand 的第三个分区启动文件系统,Linux 启动后会自动搜索 nand 分区信息。

console:表示 Linux 操作系统使用的控制台,我们使用第一个串口,因此是 ttyS0,后面跟的 115200 表示串口使用的波特率。

rootfstype:表示文件系统的格式,我们烧录在 nand 中的文件系统使用 cramfs,所以在这里要填写 cramfs,否则 Linux 会尝试自动挂载,可能会出错。

mem:表示 Linux 操作系统的内存容量,目前开发板板载 32MB 内存,因此填 32mb。

● bootcmd 参数

bootcmd 参数表示开发板上电,bootdelay 结束后执行的指令。这里填写内容的含义是用 tftp 这条命令,将主机上的 vmlinux.img(即 Linu 内核)加载到内存的 30007fc0 这个地址,然后从 30007fc0 启动内核。如果将 Linux 内核烧录到 nandflash 上,则指令又有不同。

实验 3 Linux 操作系统引导

Linux 操作系统的引导分为 3 种：NFS、YAFFS、CRAMFS。

在开发板启动的时候配置 bootargs 环境变量可以改变开发板的启动方式：

1. NFS 启动

set bootargs root=/dev/nfs rw nfsroot=192.168.0.3:/nfs ip=192.168.0.2：192.168.0.3：192.168.0.1：255.255.255.0：sep4020：eth0：off console=ttyS0,115200 mem=32mb

2. YAFFS 启动

set bootargs root=/dev/mtdblock3 console=ttyS0,115200 rootfstype=yaffs mem=32mb

3. CRAMFS 启动

set bootargs root=/dev/mtdblock2 console=ttyS0,115200 rootfstype=cramfs mem=32mb

Linux 启动内容介绍

正确烧录好 Linux 内核和文件系统，整个系统应该可以正确运行。下面就来看一下从上电到 Linux 启动完毕的整个流程，在一些关键点做了相应说明。

Starting kernel ...

Uncompressing Linux..

done, booting the kernel. //

Linux version 2.6.16 (root@localhost.localdomain) (gcc version 3.4.1) #1317 Fri Nov 13 16:11:02 CST 2009 //版本号 2.6.16

CPU：ARM720T [41807202] revision 2 (ARMv4T) //ARM720T

Machine：4020 board

Memory policy：ECC disabled，Data cache writeback

Built 1 zonelists

Kernel command line：root=/dev/mtdblock2 console=ttyS0,115200 rootfstype=cramfs

PID hash table entries：256 (order：8，4096 bytes) //上面那行是 bootargs 传参

Console：colour dummy device 80x30

Dentry cache hash table entries：8192 (order：3，32768 bytes) //D cache 信息

Inode-cache hash table entries：4096 (order：2，16384 bytes) //D cache 信息

Memory：32MB=32MB total //总共 32MB 内存

Memory：29160KB available (2485K code，612K data，116K init) //开机可用内存

43.62 BogoMIPS (lpj=218112)

Mount-cache hash table entries：512

CPU：Testing write buffer coherency：ok

NET：Registered protocol family 16

sep_ether：sepether_probe! //加载以太网卡

platform_device_register sep4020_fb_set_platdata //读取 Framebuffer 信息

Generic PHY：Registered new driver

SCSI subsystem initialized

NetWinder Floating Point Emulator V0.97 (double precision)

NTFS driver 2.1.26 [Flags：R/O].

fuse init (API version 7.6)

yaffs Nov 6 2009 21:12:43 Installing. //加载 yaffs 文件系统驱动

Initializing Cryptographic API

io scheduler noop registered

io scheduler cfq registered（default）

The 320 * 240 LCD is initialized..............................> //加载 LCD 驱动

map_video_memory：dma=31c80000 cpu=ffc00000 size=00025800

Console：switching to colour frame buffer device 40x30

fb0：sep4020fb frame buffer device

Serial：8250/16550 driver $ Revision：1.90 $ 4 ports，IRQ sharing disabled

serial8250.0：ttyS0 at MMIO 0x10005000（irq=24）is a 16450 //加载串口驱动 0

serial8250.0：ttyS1 at MMIO 0x10006000（irq=23）is a 16450 //加载串口驱动 1

serial8250.0：ttyS2 at MMIO 0x10007000（irq=22）is a 16450 //加载串口驱动 2

serial8250.0：ttyS3 at MMIO 0x10008000（irq=21）is a 16450 //加载串口驱动 3

RAMDISK driver initialized：16 RAM disks of 200000K size 1024 blocksize

loop：loaded（max 8 devices）

nbd：registered device at major 43

usbcore：registered new driver ub

PPP generic driver version 2.4.2

PPP Deflate Compression module registered

PPP BSD Compression module registered

PPP MPPE Compression module registered

NET：Registered protocol family 24

tun：Universal TUN/TAP device driver，1.6

tun：(C) 1999-2004 Max Krasnyansky <maxk@qualcomm.com>

sep4020_ether：sepether_probe!

eth%d：The ether is working under RMII mode

eth0：Link now 10-HalfDuplex //检测以太网卡参数及 MAC 地址

eth0：sep ethernet at 0xe1003000 int=28 10M-HalfDuplex（00：50：c2：1e：af：fb）

eth0：Davicom 9196 PHY（Copper）

Cronyx Ltd，Synchronous PPP and CISCO HDLC (c) 1994

Linux port (c) 1998 Building Number Three Ltd & Jan "Yenya" Kasprzak.

SCSI Media Changer driver v0.25

blkmtd：version $ Revision：1.27 $

blkmtd：error：missing 'device' name

block2mtd：version $ Revision：1.30 $

NAND device：Manufacturer ID：0xec，Chip ID：0x76（Samsung NAND 64MiB 3,3V 8-bit）

Scanning device for bad blocks

Bad eraseblock 1 at 0x00004000 //开发板上的 NAND 坏块

Creating 4 MTD partitions on "NAND 64MiB 3,3V 8—bit"：//NAND FLASH 信息

0x00000000-0x00100000 ："U—boot" //NAND 分区信息

0x00100000-0x00600000 ："linux 2.6.16 kernel"

0x00600000-0x01e00000 ："root"

0x01e00000-0x04000000 ："user"

sep4020sdi_probe..................... //加载 SD 卡驱动

the resource num is 2

MMC/SD initialisation done. the irq num is 12

UDA1341 audio driver initialized //加载声卡驱动

NET：Registered protocol family 2

sep4020_mci：IRQ clear imask.

IP route cache hash table entries：512（order：−1，2048 bytes）//各种网络协议

TCP established hash table entries：2048（order：1，8192 bytes）

TCP bind hash table entries：2048（order：1，8192 bytes）

TCP：Hash tables configured（established 2048 bind 2048）

TCP reno registered

TCP bic registered

NET：Registered protocol family 1

NET：Registered protocol family 17

SCTP：Hash tables configured（established 1024 bind 2048）

TIPC：Activated（compiled Apr 6 2009 21：13：28）

NET：Registered protocol family 30

TIPC：Started in single node mode

mmc0：host does not support reading read-only switch. assuming write-enable.

mmcblk0：mmc0：0002 997376KiB

mmcblk0：<7>MMC：starting cmd 12 arg 00000000 flags 00000035

p1

VFS：Mounted root（cramfs filesystem）readonly. //挂载 cramfs 文件系统

Freeing init memory：116K

init started：BusyBox v1. 9. 2（2008-08-15 10：15：54 CST）//启动 BusyBox 文件系统

starting pid 14，tty "：'/etc/init. d/rcS'

＊ ＊

SEP4020 ARM Linux-2. 6. 16 SDK 3. 4 beta //打印欢迎信息

＊ ＊

♯ mount all.......... //挂载特殊文件分区

♯ Starting mdev........ //运行 mdev 建立 dev 文件目录

starting pid 22，tty "：'/bin/sh' //启动控制台

/ ♯ //启动完毕

第一次启动，可能会出现如下的 RTC 错误，原因是没有正确设置 RTC 日期。

hwclock：settimeofday()failed：Invalid argument

解决方法如下：

首先用 date 命令正确设定月日时分年，然后再用 hwclock 同步硬件 RTC。

/ ♯ date 040818072009

Wed Apr 8 18：07：00 UTC 2009

/ ♯ hwclock-w

实验 4　TFTP 传输与网络文件系统

在开发过程中,往往会更换内核和文件系统里的内容,这使得开发很不方便,在实验里我们介绍的 tftp 和网络文件系统(nfs)分别用于内核的更换和文件系统里面内容的改动,方便于开发。

1. TFTP 传输:

启动 TFTP

1) 设置主机(PC 机)的 IP 为:192.168.0.1(图 3.52)

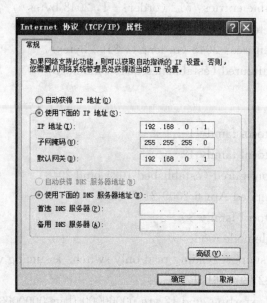

图 3.52

2) 启动 tftp,如图 3.53 所示

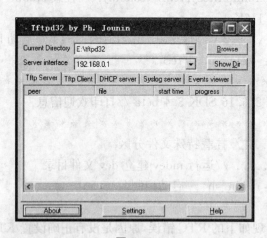

图 3.53

tftp 中的 server interface 中自动出现了主机的 IP 地址。至此便打开了 tftp。

设置开发板的 IP

在设置开发板的 IP 之前,请确认开发板的电源及串口已经连接。

(1) 打开 SecureCRT 5.1,其具体方法如前 1.5 节所述。

(2) 打开电源后,按回车出现如图 3.54 所示,这时就可以输入 U-Boot 命令了。

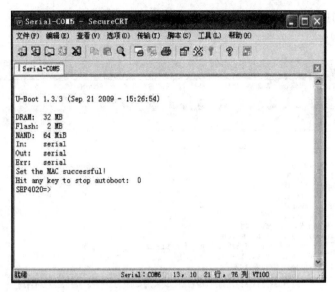

图 3.54

输入 print 命令打印环境变量。如果所出现的 ipaddr、serverip、gatewayip 不是如下 IP,则要设置其为如下 IP。具体如图 3.55 示:

ipaddr=192.168.0.2

serverip=192.168.0.1

gatewayip=192.168.0.3

SEP4020=>set ipaddr 192.168.0.2

SEP4020=>set serverip 192.168.0.1

SEP4020=>set gatewayip 192.168.0.3

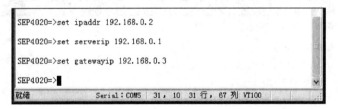

图 3.55

最后一定要保存,如图 3.56 所示。

SEP1040=>save

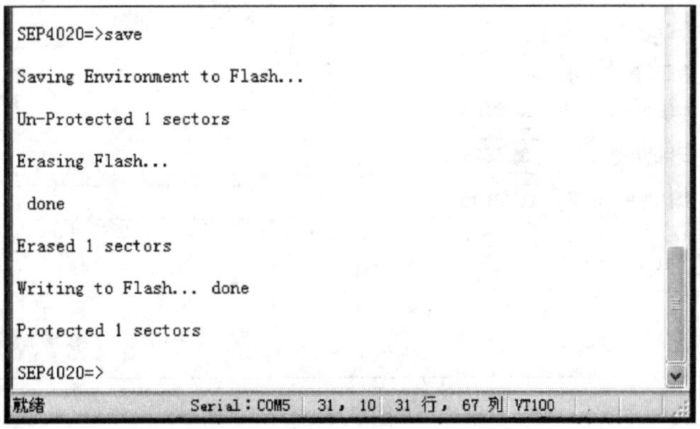

```
SEP4020=>save

Saving Environment to Flash...

Un-Protected 1 sectors

Erasing Flash...

  done

Erased 1 sectors

Writing to Flash... done

Protected 1 sectors

SEP4020=>
```

图 3.56

至此,开发板的 IP 便设置好了。

图 3.57 为 tftp 内核

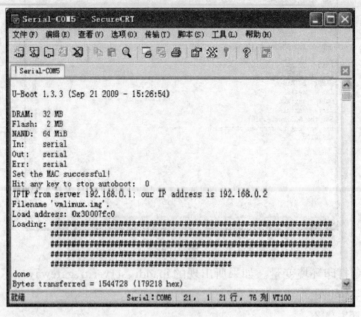

图 3.57

2. 网络文件系统:

主机端的 nfs 配置

在 Fedora 下点击"系统->管理->网络",双击网络配置,选择静态设置 IP 地址,填入 IP、子网掩码和网关。(比如本机是 192.168.0.3,255.255.255.0,192.168.0.1),如图 3.58 所示:

图 3.58

点击"确认",再点击"激活",会弹出图 3.59,再点击"是"。

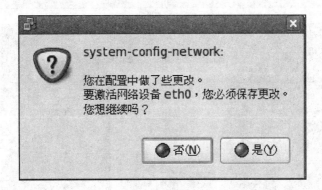

图 3.59

在虚拟机下配置虚拟机的网卡"edit->virtual network setting->Host virtualnetwork mapping",添加一个真实的网卡(即在第一个下拉菜单中选择一个已经存在的网卡),并按"应用","确定",如图 3.60 所示。

注:不同硬件,网卡的型号可能与图有差异,请选择合适的网卡

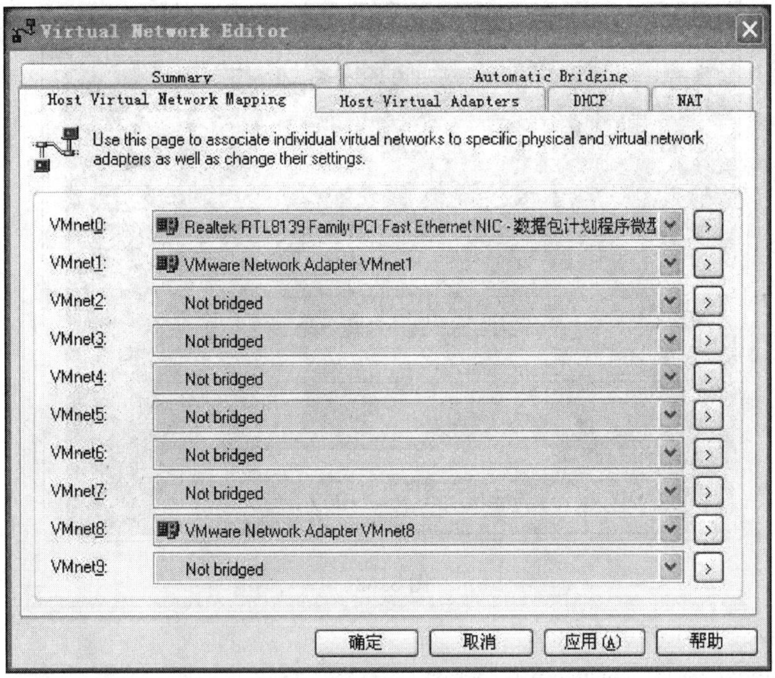

图 3.60

编辑文件"/etc/exports"添加 nfs 目录的支持:

/nfs 192.168.0.2(rw,sync,no_root_squash)

其中 192.168.0.2 是开发板的 IP;"/nfs"表示 nfs 共享目录,它可以作为开发板的根文件系统;rw 表示挂接此目录的客户机对该目录有读写的权力;no_root_squash 表示允许挂接此目录的客户机享有该主机的 root 身份,保存。

在终端下输入"setup"(图 3.61),将"系统服务"中的 netconsole,netplugd,nfs 服务选上(按空格键选择)。并按 tab"确认""退出",如图 3.62 所示。

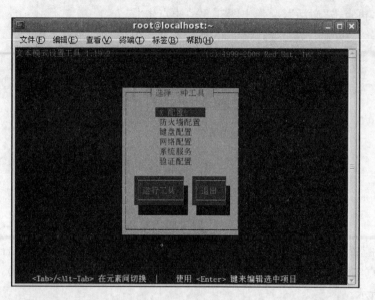

图 3.61

图 3.62

在终端中输入"service nfs restart"。

[root@localhost ～]# service nfs restart

关闭 nfs mountd：[失败]

关闭 nfs 守护进程：[失败]

关闭 nfs quotas：[失败]

关闭 nfs 服务：[确定]

启动 nfs 服务：[确定]

关掉 nfs 配额：[确定]

启动 nfs 守护进程：[确定]

启动 nfs mountd：[确定]

[root@localhost ～]#

在根目录下添加 nfs 文件夹（这个文件系统可在 www. armfans. net 网站上下载并解压，建议使用 full 版的 3. 4. 4 的 nfs），文件结构如下（图 3. 63）：

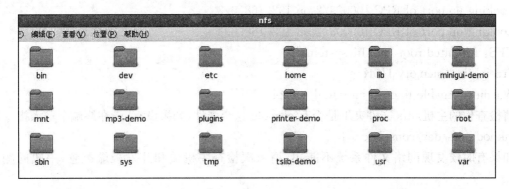

图 3. 63

重启电脑，主机端的 nfs 设置完成。

开发板端的 nfs 配置

开发板端的配置比较简单，主要是修改 bootargs 参数，修改后的参数应为：

set bootargs root＝/dev/nfs rw nfsroot＝192. 168. 0. 3:/nfs

ip＝192. 168. 0. 2:192. 168. 0. 3:255. 255. 255. 0 console＝ttyS0,115200 mem＝32mb

修改后敲入 save 命令，将开发板和主机用直连网线相连接，开启开发板会看到已经把 nfs 文件系统挂载上去了：

··················（以上省略）

IP-Config：Gateway not on directly connected network.

Looking up port of RPC 100003/2 on 192. 168. 0. 3

Looking up port of RPC 100005/1 on 192. 168. 0. 3

VFS：Mounted root (nfs filesystem).

Freeing init memory：120K

nfs：server 192. 168. 0. 3 not responding, still trying

nfs：server 192. 168. 0. 3 OK

init started：BusyBox V1. 9. 2 (2008-08-15 10:15:54 CST)

starting pid 243, tty "：'/etc/init. d/rcS'

＊＊＊＊＊＊＊＊＊＊＊＊＊＊＊＊＊＊＊＊＊＊＊＊＊＊＊＊＊＊＊＊＊＊＊＊
＊＊＊＊＊＊＊＊＊＊

SEP4020 ARM Linux-2. 6. 16(VERSION 3. 4. 4)

＊＊＊＊＊＊＊＊＊＊＊＊＊＊＊＊＊＊＊＊＊＊＊＊＊＊＊＊＊＊＊＊＊＊＊＊
＊＊＊＊＊＊＊＊＊＊

＃mount all..............

＃Starting mdev..............

starting pid 251, tty"：'/bin/sh'

hwclock：can't open '/dev/misc/rtc'：No such file or directory

/＃

至此整个 nfs 配置完毕。

如果使用 nfs 的时候，发现错误为"unable to open an initial console"，如下：

＜6＞eth0：Link now 10-HalfDuplex

IP-Config：Guessing netmask 255. 255. 255. 0

IP-Config：Gateway not on directly connected network.

Looking up port of RPC 100003/2 on 192. 168. 0. 3

Looking up port of RPC 100005/1 on 192. 168. 0. 3

VFS：Mounted root (nfs filesystem).

Freeing init memory 116K

Warning：unable to open an initial console.

请检查你的主机/nfs 文件夹下是否有 console 这个文件，如果没有，请在终端下输入指令：

mknod /nfs/dev/console c 5 1

如果有时候发现网络文件系统不能用，请依次检查主机端和开发板端配置，一般问题都在里面。

第四章　嵌入式 Linux 开发实验

实验 1　Linux 常用命令的使用

一、实验目的

熟悉并掌握 Linux 常用命令的使用，为以后的学习打下基础。

二、实验设备

硬件：PC 机奔腾 4 以上，硬盘 10 GB 以上。

软件：PC 机操作系统 Fedra 7.0＋Linux SDK 3.1＋AMRLINUX 开发环境。

三、实验内容

1. 文件列表命令(ls)

使用方法：

ls＋回车　可以查看当前目录，ls＋目录名称，可以查看指定目录中的文件内容。

常用参数：

-a　列出目录中所有项(包含隐藏项)，包括以 .(点)开始的项。

-l(L 的小写)　显示方式、链接数目、所有者、组、大小(按字节)和每个文件最近一次修改时间。

示例：

/＃ls

bin	lib	plugins	sbin	usr
dev	minigui-demo	printer-demo	sys	var
etc	mnt	proc	tmp	
home	mp3-demo	root	tslib-demo	

/＃

2. 更换当前目录命令(cd)

使用方法：

cd　dir　更换到当前目录下的 dir 目录

cd　/　更换到根目录

cd　..　切换到到上一级目录

示例：

/＃cd/mp3-demo/

/mp3-demo＃cd..

/＃

3. 复制命令(cp)

使用方法：

cp　src　tgt　　　　　　　　把文件 src 复制到 tgt

cp　/root/src　./　　　　　　把/root 下的文件 src 复制到当前目录

常用参数：

-a　该选项通常在拷贝目录时使用。它保留链接，文件属性，并递归地拷贝目录，其作用等于

dpr 选项的组合。

-i 和 f 选项相反，在覆盖目标文件之前将给出提示要求用户确认。回答 y 时目标文件将被覆盖，是交互式拷贝。

-r 若给出的源文件是一目录文件，此时 cp 将递归复制该目录下所有的子目录和文件。此时目标文件必须为一个目录名。

示例：

/#cd/mp3-demo/

/mp3-demo#ls

madplay. arm sample. mp3

/mp3-demo#cp sample. mp3/tmp

/mp3-demo#cd/tmp

/tmp#ls

sample. mp3

/tmp#

4. 显示日期时间命令（date）

使用方法：

date 　　　　　　　　　　　显示当前日期时间

date 060821162009 　　　　设置系统时间为 2009 年 3 月 19 日 21 时 16 分

示例：

/#date

WedMar1821:15:06UTC2009/tmp#

/#date031921162009

ThuMar1921:16:00UTC2009

5. 回显命令（echo）

使用方法：

echo message 　　　　　　显示一串字符

echo "message message2" 　　显示不连续的字符串

示例：

/#echo helloworld

helloworld

/#echo "goodmorning!"

goodmorning!

/#echo goodmorning!

goodmorning!

6. 分页查看命令（more）

使用方法：

more 　　　分页命令，一般通过管道将内容传给它，如 ls｜more

7. 挂载命令

使用方法：

mount-t vfat/dev/mmcblk0/mnt 　　　　　把 SD 卡装载到/mnt 目录

示例：

/#mount-tvfat/dev/mmcblk0/mnt

/＃cd mnt

/mnt＃ls

abbeliev. mp3　　　　　　新建文件夹

carly_simon-you_are_my_sunshine. mp3

/mnt＃

8. 卸载命令（umount）

使用方法：

umount　/mnt　　　　卸载挂载到 mnt 目录的设备

9. 移动命令（mv）

使用方法：

mv　src　tgt　　　　将文件 src 更名为 tgt

10. 删除命令（rm）

使用方法

rm　file_name　　　　删除一个叫做 file_name 的文件

rm　-r　dir　　　　　　删除当前目录下叫 dir 的整个目录

11. 改变文件权限命令（chmod）

使用方法：

chmod　a＋x file　　　　　把 file 文件设置为可执行，脚本类文件必须要这样设置否则需要使
用 bash file 才能执行

chmod　666 file　　　　把文件 file 设置为可读写

12. 以文件内容查看命令（cat）

使用方法：

cat　file　　　　显示文件 file 的内容（以 ASCII 码表示）

13. 创建节点命令（mknod）

使用方法：

mknod　/dev/tty1 c 4 1　　　　创建字符设备 tty1，主设备号为 4，从设备号为 1

14. 进程查看命令（ps）

使用方法：

ps　　　　显示当前系统进程信息

示例：

/＃ps

PID Uid　　VSZ Stat Command

1root　　2064S init

2root　　SWN［ksoftirqd/0］

3root　　SW＜［events/0］

4root　　SW＜［khelper］

5root　　SW＜［kthread］

6root　　SW＜［kblockd/0］

7root　　SW［pdflush］

8root　　SW［pdflush］

10root　　SW＜［aio/0］

9root　　SW［kswapd0］

```
11root      SW[mtdblockd]
12root      SW[mmcqd]
22root      2068S  -/bin/sh
46root      2068R   ps
/#
```

15. 比较命令(diff)

使用方法：

diff　dir1　dir2　　比较目录 1 与目录 2 的文件列表是否相同

diff　file1　file2　　比较文件 1 与文件 2 的内容是否相同,如果是文本格式的文件,则将不相同的内容显示,如果是二进制代码则表示两个文件是不同的。

16. 设置环境变量命令(export)

使用方法：

export　LC_ALL=zh_CN.GB2312　　　　将环境变量 LC_ALL 的值设为 zh_CN.GB2312

17. 显示启动信息命令(dmesg)

使用方法：

dmesg　　　　显示 kernel 启动及驱动装载信息

18. 网络配置命令(ifconfig)

使用方法：

Ifconfig 命令除了可查看网卡的状态外,还能改变一些网络的设置:ipconfig

ifconfig　eth0 192.168.0.2 netmask 255.255.255.0

表示设置网卡 1 的地址 192.168.0.2,掩码为 255.255.255.0,不写 netmask 参数则默认为 255.255.255.0。也可以利用 ifconfig 命令暂时关闭网卡:ifconfig eth0 down

示例：

```
/#ifconfig eth0192.168.0.2netmask255.255.255.0
/#ifconfig
eth0    Link encap:Ethernet HWaddr00:50:C2:1E:AF:FB
        inet addr:192.168.0.2 Bcast:192.168.0.255 Mask:255.255.255.0
        UP BROADCASTRUNNINGMULTICAST MTU:1500 Metric:1
        RX packets:8 errors:0 dropped:0 overruns:0 frame:0
        TX packets:0 errors:0 dropped:0 overruns:0 carrier:0
        collisions:0 txqueuelen:1000
        RX bytes:1904(1.8KiB) TX bytes:0(0.0B)
        Interrupt:28 Base address:0x3000
/#
```

19. 设置网关命令(route)

使用方法：

```
#route                         显示当前路由设置情况
#route   add default gw 192.168.0.1   表示设置 192.168.0.1 为默认的路由
#route   del default           表示将默认的路由删除
```

示例：

```
/#route add default gw 192.168.0.1
/#route
```

Kernel IP routing table

Destination　Gateway　Genmask　　Flags Metric Ref　Use Iface

192.168.0.0　　＊　　255.255.255.0　　U　0　0　0 eth0

default　　192.168.0.1　0.0.0.0　　　UG　0　0　0 eth0

/＃

20. 测试网络连通命令(ping)

使用方法：

ping 命令可以用来测试本机和网络上的另一台计算机是否连通。

ping　-c 3 192.168.0.1

表示向 192.168.0.1 连续发送三次测试包，以验证网络是否连接正常。

示例：

/＃ping -c 3 192.168.0.1

PING 192.168.0.1(192.168.0.1):56 data bytes

64bytes from 192.168.0.1:seq=0ttl=128time=1.418ms

64bytes from 192.168.0.1:seq=1ttl=128time=1.307ms

64bytes from 192.168.0.1:seq=2ttl=128time=1.382ms

...192.168.0.1 ping statistics...

3 packets transmitted. 3 packets received,0％packet loss

round-trip min/avg/max=1.307/1.369/1.418ms

/＃

实验 2　通用输入输出 GPIO 实验

一、实验目的

掌握 SEP4020 的 GPIO 口的控制。

二、实验内容

通过 GPIO 口的控制实现蜂鸣器的开关。

三、预备知识

查看 SEP4020 的芯片管脚以及各个模块的原理图。

四、实验设备

硬件：基于 SEP4020 的嵌入式开发系统一套、交叉网线、PC 机奔腾 4 以上、硬盘 10 GB 以上；

软件：PC 机操作系统 Fedra 7.0＋Linux SDK 3.1＋AMRLINUX 开发环境。

五、实验原理

1. 实验原理图

下图为蜂鸣器的原理图，在跳冒插上的情况下控制 PWM0 的高低电平变化就能够直接控制蜂鸣器的开关。

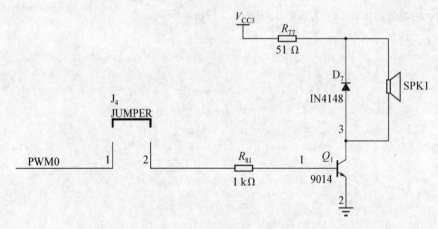

图 4.1

2. 实验代码

下面为主要的 GPIO 控制代码

```c
void gpio_control(char port,int num,int state)
{
  if(state)
  {
    switch (port)
    {
      case 'A':
      {
      printf("enter a 1\n");
          * (volatile unsigned long * )GPIO_PORTA_SEL    |=(1 << num);
```

```c
            * (volatile unsigned long * )GPIO_PORTA_DIR   &=~(1 << num);
            * (volatile unsigned long * )GPIO_PORTA_DATA |=(1 << num);
        }
        break;
        case 'B':
        {
            * (volatile unsigned long * )GPIO_PORTB_SEL   |=(1 << num);
            * (volatile unsigned long * )GPIO_PORTB_DIR   &=~(1 << num);
            * (volatile unsigned long * )GPIO_PORTB_DATA |=(1 << num);
        }
        break;
        case 'C':
        {
            * (volatile unsigned long * )GPIO_PORTC_SEL   |=(1 << num);
            * (volatile unsigned long * )GPIO_PORTC_DIR   &=~(1 << num);
            * (volatile unsigned long * )GPIO_PORTC_DATA |=(1 << num);
        }
        break;
        case 'D':
        {
            * (volatile unsigned long * )GPIO_PORTD_SEL   |=(1 << num);
            * (volatile unsigned long * )GPIO_PORTD_DIR   &=~(1 <<num);
            * (volatile unsigned long * )GPIO_PORTD_DATA |=(1 << num);
        }
        break;
        case 'E':
        {
            * (volatile unsigned long * )GPIO_PORTE_SEL   |=(1 << num);
            * (volatile unsigned long * )GPIO_PORTE_DIR   &=~(1 << num);
            * (volatile unsigned long * )GPIO_PORTE_DATA |=(1 << num);
        }
        break;
        case 'F':
        {
            * (volatile unsigned long * )GPIO_PORTF_SEL   |=(1 << num);
            * (volatile unsigned long * )GPIO_PORTF_DIR   &=~(1 << num);
            * (volatile unsigned long * )GPIO_PORTF_DATA |=(1 << num);
        }
        break;
        case 'G':
        {
            * (volatile unsigned long * )GPIO_PORTG_SEL   |=(1 << num);
```

```
            * (volatile unsigned long * )GPIO_PORTG_DIR  & = ~(1 << num);
            * (volatile unsigned long * )GPIO_PORTG_DATA | = (1 << num);
        }
        break;
        case 'H':
        {
            * (volatile unsigned long * )GPIO_PORTH_SEL  | = (1 << num);
            * (volatile unsigned long * )GPIO_PORTH_DIR  & = ~(1 << num);
            * (volatile unsigned long * )GPIO_PORTH_DATA | = (1 << num);
        }
        break;
        case 'I':
        {
            * (volatile unsigned long * )GPIO_PORTI_SEL  | = (1 << num);
            * (volatile unsigned long * )GPIO_PORTI_DIR  & = ~(1 << num);
            * (volatile unsigned long * )GPIO_PORTI_DATA | = (1 << num);
        }
        break;
        default:
        {
            printf("Please check your port \n");

            break;
        }
        break;
    }
}
else
{
    switch (port)
    {
        case 'A':
        {
            * (volatile unsigned long * )GPIO_PORTA_SEL  | = (1 << num);
            * (volatile unsigned long * )GPIO_PORTA_DIR  & = ~(1 << num);
            * (volatile unsigned long * )GPIO_PORTA_DATA & = ~(1 << num);
        }
        break;
        case 'B':
        {
            * (volatile unsigned long * )GPIO_PORTB_SEL  | = (1 << num);
            * (volatile unsigned long * )GPIO_PORTB_DIR  & = ~(1 << num);
```

```
        * (volatile unsigned long * )GPIO_PORTB_DATA &=~(1 << num);
    }
    break;
    case 'C':
    {
        * (volatile unsigned long * )GPIO_PORTC_SEL   |=(1 << num);
        * (volatile unsigned long * )GPIO_PORTC_DIR   &=~(1 << num);
        * (volatile unsigned long * )GPIO_PORTC_DATA &=~(1 << num);
    }
    break;
    case 'D':
    {
        * (volatile unsigned long * )GPIO_PORTD_SEL   |=(1 <<num);
        * (volatile unsigned long * )GPIO_PORTD_DIR   &=~(1 << num);
        * (volatile unsigned long * )GPIO_PORTD_DATA &=~(1 << num);
    }
    break;
    case 'E':
    {
        * (volatile unsigned long * )GPIO_PORTE_SEL   |=(1 <<num);
        * (volatile unsigned long * )GPIO_PORTE_DIR   &=~(1 << num);
        * (volatile unsigned long * )GPIO_PORTE_DATA &=~(1 <<num);
    }
    break;
    case 'F':
    {
        * (volatile unsigned long * )GPIO_PORTF_SEL   |=(1 << num);
        * (volatile unsigned long * )GPIO_PORTF_DIR   &=~(1 << num);
        * (volatile unsigned long * )GPIO_PORTF_DATA &=~(1 << num);
    }
    break;
    case 'G':
    {
        * (volatile unsigned long * )GPIO_PORTG_SEL   |=(1 << num);
        * (volatile unsigned long * )GPIO_PORTG_DIR   &=~(1 << num);
        * (volatile unsigned long * )GPIO_PORTG_DATA &=~(1 << num);
    }
    break;
    case 'H':
    {
        * (volatile unsigned long * )GPIO_PORTH_SEL   |=(1 << num);
        * (volatile unsigned long * )GPIO_PORTH_DIR   &=~(1 << num);
```

```
            *（volatile unsigned long *）GPIO_PORTH_DATA &=~（1 << num）；
        }
        break；
        case 'I'：
        {
            *（volatile unsigned long *）GPIO_PORTI_SEL   |=（1 << num）；
            *（volatile unsigned long *）GPIO_PORTI_DIR   &=~（1 << num）；
            *（volatile unsigned long *）GPIO_PORTI_DATA &=~（1 <<num）；
        }
        break；
        default：
        {
            printf("Please check your port \n")；
            break；
        }
        break；
    }
}
```

六、内核编译相关选项

Device Driver->Character devices->sep4020 char drivers->sep4020 char device->sep4020 gpio driver

七、实验步骤

1. 编写应用程序

编写应用程序,保存名为 gpio. c。

2. 将 GPIO 驱动编译成模块 sep4020_gpio. ko

3. 交叉编译应用程序 gpio. c,生成可执行程序 gpio,将其拷贝到根文件系统 nfs 下。

［root@localhost nfs］# arm-linux-gcc-o gpio gpio. c

4. 开发板加电,启动后进入文件系统,加载驱动和建立文件结点：

/ # insmod sep4020_gpio. ko

/ # mknod /dev/gpio c 240 0

5. 运行可执行程序 gpio

/ # ./gpio

这时便可根据提示的信息进行相应的操作。

实验 3　行列键盘实验

一、实验目的

1. 了解 ARM 的中断方式和原理；
2. 熟悉 Linux 驱动程序实现方法；
3. 理解底层驱动与上层应用之间的关系。

二、实验内容

剖析键盘中断的实现过程，编写键盘上层应用程序验证中断的实现。

三、预备知识

1. 掌握在 Linux 集成开发环境中编写和调试程序的基本过程。
2. 了解 SEP4020 的基本结构及其中断的工作原理。
3. 了解 Linux 内核中关于中断控制的基本原理。

四、实验设备

硬件：UB4020EVB 开发板、交叉网线、5×5 键盘、PC 机奔腾 4 以上，硬盘 10 GB 以上。

软件：PC 机操作系统 Fedra 7.0＋Linux SDK 3.1＋AMRLINUX 开发环境。

五、实验原理

1. 键盘工作原理

键盘实现方案通常有两种：一种是通过一些专用芯片来实现对键盘的扫描，比如 ZLG7289；另一种方法是用软件来实现对键盘的扫描。如果用专用芯片，最少要 3 个 I/O 口即可以实现，而且软件驱动相对简单，通常专用芯片检测到有键按下后，会进行一系列处理，并确定键值，同时输出标识位（表示键盘有输入），用户可以选择用中断响应法或查询法来检测标志位，当标识位有变化时 CPU 立即与驱动片（ZLG7289）通信，读取键值并复位标识位。当然使用专用芯片需要增加额外的成本。相对于用专用芯片，用软键盘需要更多一些 CPU 以及 I/O 口资源，一般实验系统使用 8×8 键盘，对系统的要求不高，所耗的资源也很有限（最多 16 个 I/O 口），但是用户必须自己编写驱动程序，特别是驱动程序中的消抖动和防误收的代码，用户必须要多次实验，按照实际情况适当修改直至合理。在本实验中，推荐选用的是软键盘方法。这样用户可以在软件上做更多的工作来弥补硬件的缺陷。既有利于熟悉编程技巧，又有利于熟悉键盘特性，这才是实验的最好效果。用户可以自制电路，试着用专用芯片来实现键盘，然后比较两种做法的利弊。键盘的工作原理：简单键盘电路（5×5），键盘实际上就像布满开关的电路，当某开关打开时，如果给其中一条线（此开关交叉的两根线之一）送高电平 1，那么另一根线由一个上拉电阻提供逻辑 1；当某开关闭合时，如果给其中一条线（此开关交叉的两根线之一）送高电平 1，那么另一根线将被拉低得到逻辑 0。

软件扫描程序就是根据这个工作原理编写的，通过 I/O 口给其中 5 条线依次送高电平，同时相应地检测另外 5 根线的输出值，发现输出有低电平时就可以判断有键输入，而且键值就是此 10 根线的当前值，显然对每个不同的键，它是唯一的，这个值用户可以从电路上看出来。为了便于观察，用户还可以自己在程序里做张表格，将这个键值转换为键盘原来表示的字符。但是实际上，再好的开关都不可能像我们描述的那么精确和简单，因为当它们被按下或者被释放时，并不能够立刻产生一个明确的高电平（1）或者低电平（0），而可能会是个介于两者之间的某个值。尽管触点可能看起来稳定而且很快地闭合，但与微处理器快速的运行速度相比，这种动作是比较慢的、不稳定的。无论是按下还是弹起的过程中，开始的 5～30 ms 内是处于不稳定状态（抖动状态），也就是说，处理器的判断是可能出错的。因此,消抖动工作是必须做的。简单的消抖动就是在测到键盘状态(键按下或弹起)有变化时,延时一段时间(通常为 25～30 ms)再次检测,如果键盘状态和上次一样,则表示检测正确,否则忽略上次检测结果。扫描程序检测到按下的键重新弹起后才会将扫描的键值返回,也就是说如果按同一个键(不松开)很长时间,输出也只有一个值,并且直到键弹起后才能看到这个值;如果在此期间又有别的键按下(有意或无意地),程序即使能够扫描到此键值,也不会去处理的。也就是说,这个程序同一时间只能处理一个按键动作,作为演示的实验程序无需像 HOST 机的键盘驱动那样做的面面俱到,不过有兴趣的用户可以在此基础上去完善它,以解决连续输入和同时输入的问题。

2. 键盘中断的硬件接线图(图 4.2)

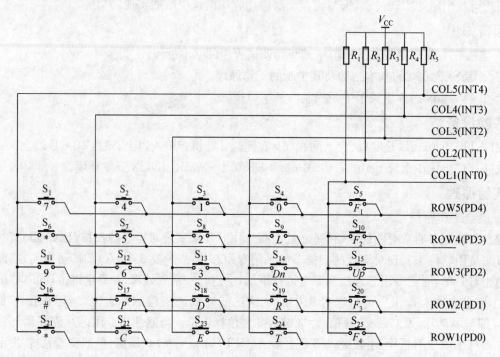

图 4.2

3. 驱动源码位置

/linux/drivers/char/sep4020_char/sep4020_key.c

4. 剖析键盘中断实现源代码:

软件硬件结构之间的关系如图 4.3 所示:

键盘中断的实现主要在设备驱动层。下面分析键盘驱动实现的源代码,目标位于/drivers/char/sep4020_char/ sep4020_key.c 中。

图 4.3　软件与硬件结构的关系

```
static struct file_operations sep4020_key_fops=
{
    . owner=THIS_MODULE,
    . read   =sep4020_key_read,
    . write=sep4020_key_write,
    . open   =sep4020_key_open,
    . release=sep4020_key_release,
```

```
};                                    //设备驱动程序接口结构,内核对驱动的调用接口
module_init(sep4020_key_init);   //驱动向内核注册接口
module_exit(sep4020_key_exit);   //驱动从内核注销接口
```

其中当驱动向内核注册时,用到 sep4020_key_init(void)驱动初始化函数,它要完成的任务很多,有硬件初始化设置、中断请求、设备注册等等。

```
static int_init sep4020_key_init(void)
{
    int err,result;
    dev_t devno;


    devno=MKDEV(KEY_MAJOR, 0);
    result=register_chrdev_region(devno, 1, "sep4020_key");   //向系统静态申请设备号

    if (result < 0)
    {
        return result;
    }

    key_dev=kmalloc(sizeof(struct keydev), GFP_KERNEL);
    if (key_dev==NULL)
    {
        result=-ENOMEM;
        unregister_chrdev_region(devno, 1);
        return result;
    }
    memset(key_dev,0,sizeof(struct keydev));   //初始化

    if(sep4020_request_irqs())   //注册中断函数
    {
        unregister_chrdev_region(devno,1);
        kfree(key_dev);
        printk("request key irq failed! \n");
        return-1;
    }
}
```

请求中断,因为中断信号往往是通过特定的中断信号线传输的,任何一款芯片留给中断信号的接口都是有限的,所以内核会维护一个中断信号线注册表,模块要使用中断就得向它申请一个中断通道,当它使用完该通道之后要释放该通道。

请自己分析本实验源代码,体会上层与设备驱动层是怎样一层一层接管的。

六、内核编译相关选项

（图 4.4～图 4.7）

Device Driver->Character devices->sep4020 char drivers->sep4020 char device->sep4020 key driver

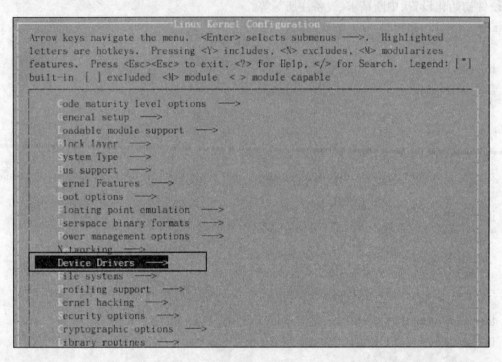

图 4.4

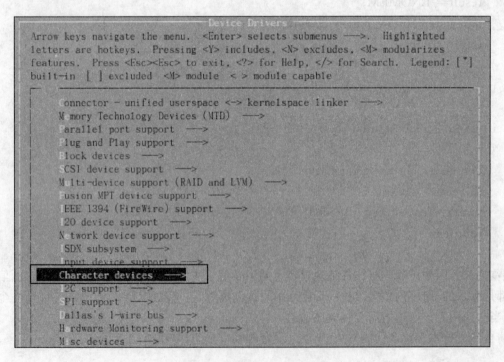

图 4.5

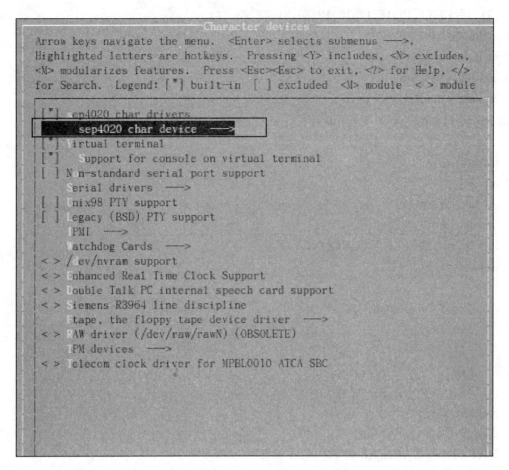

图 4.6

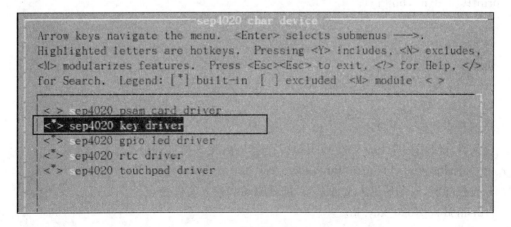

图 4.7

笔者在此把此驱动编译为模块,以更加方便、灵活地使用。

七、实验步骤

1. 编写应用程序

SDK 3.1 中 5×5 键盘驱动实现了键盘有按键按下时的读操作,如果没有按键按下读操作还可以等待。实验应用程序如下,保存名为 key.c。

功能:实现按键值的读取。5×5 键盘的键值,从右到左,从下到上依次为:0、1、2、3、4、5、6、7、

8、9、10、11、12、13、14、15、16、17、18、19、20、21、22、23、24。

```c
#include <stdio. h>
#include <sys/types. h>
#include <sys/stat. h>
#include <fcntl. h>
int main(int argc, char * * argv)
{
    int fd;
    int j;
    int buf[16]={};
    int strlength=0;
    fd=open("/dev/key",O_RDONLY);
    if(fd==-1)
      {
          printf("wrong\r\n");
          exit(-1);
      }
while(1)
    {
    read(fd,buf,3);
    strlength= * (int * )buf;
    for(j=1;j < (strlength+1);j++)
    {
    printf("%d\n",buf[j]);
    }
}
    close(fd);
    return 0;
}
```

2. 将键盘驱动编译成模块 sep4020_key. ko

3. 交叉编译应用程序 key. c,生成可执行程序 key,将其拷贝到根文件系统 nfs 下。

[root@localhost nfs]# arm-linux-gcc-o key key. c

4. 开发板加电,启动后进入文件系统,加载驱动和建立文件结点:

/ # insmod sep4020_key. ko

/ # mknod /dev/key c 254 0

5. 运行可执行程序 key

/ # ./key

这时,按键盘上的某一键时,终端上便会显示出对应的键值。以上操作过程如图 4.8 示:

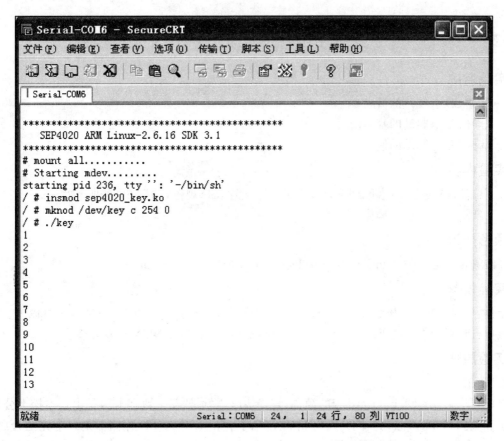

图 4.8

实验 4　SD 卡实验

一、实验目的

1. 掌握 SD 卡规范的概念；
2. 学习 SD 卡驱动的基本流程；
3. 掌握 SD 卡驱动的使用。

二、实验内容

1. 根据所提供的 SD 卡原理图，SD 卡的读写时序，SD 规范，熟悉 SD 的驱动程序；
2. 实现 SD 卡的读写操作。

三、预备知识

仔细阅读参考文献《SanDisk Secure Digital Card Product Manual》。

四、实验设备

硬件：UB4020EVB 开发板、标准 SD 卡、交叉网线、PC 机奔腾 4 以上，硬盘 10 GB 以上。

软件：PC 机操作系统 Fedra 7.0＋Linux SDK 3.1＋AMRLINUX 开发环境。

五、实验原理

1. 简介

SD 卡是 Secure Digital Card 卡的简称，直译成汉语就是"安全数字卡"，是由日本松下公司、东芝公司和美国 Sandisk 公司共同开发研制的全新的存储卡产品。SD 存储卡是一个完全开放的标准（系统），多用于 MP3、数码摄像机、数码相机、电子图书、AV 器材等等，尤其是被广泛应用在超薄数码相机上。SD 卡在外形上同 MultiMedia Card 卡保持一致，大小尺寸比 MMC 卡略厚，容量也大很多。并且兼容 MMC 卡接口规范。SD 卡最大的特点就是通过加密功能，可以保证数据资料的安全保密。它还具备版权保护技术，所采用的版权保护技术是 DVD 中使用的 CPRM 技术（可刻录介质内容保护）。

2. SD 存储卡概念

SD 卡通信基于 9 芯的接口（Clock，Command，4xDat，3xPower lines），最大的操作频率是 25 MHz。SD 卡规范包括多个文档，各文档之间的结构如图 4.9 所示：

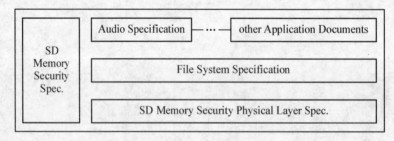

图 4.9　文档结构

3. SD 卡的总线拓扑

SD 卡系统支持两种通信协议：SD 和 SPI 方式。模式的选择对主机是透明的，由 SD 卡自动检测复位命令的模式，在此后的通信过程中始终使用此种通信方式。SD 卡在结构上使用一主多从星型拓扑结构。拓扑图如图 4.10 所示：

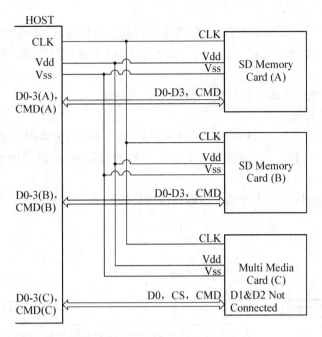

图 4.10　SD 卡系统的总线拓扑图

4. SD 总线信号如下

CLK：时钟信号

CMD：命令/响应信号

DAT0-DAT3：双向数据传输信号

VDD、VSS1、VSS2：电源和地信号

其硬件原理图如图 4.11 所示：

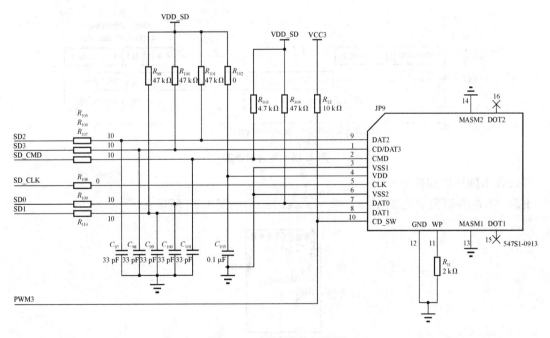

图 4.11　SD 卡硬件原理图

5. SD 总线协议

SD 总线上的通信基于位流的方式,在位流中实现命令和数据,包含起始位和停止位。

CMD:命令发起一个操作过程。命令可分为地址方式(主机到单个 SD 卡)或者广播方式(主机到所有的 SD 卡)。

Response:是卡对前一个命令的回应,通过 CMD 线传输。

DAT:通过数据线传输。

SD 卡传输数据的单位是块,块数据之后是 CRC 位段。SD 卡传输定义单块和多块的传输。其中,多块传输在快速写入中优于单块传输。在数据传输的过程中,可以使用单数据线(DAT0)或者多数据线(DAT0~DAT3)。

在 CMD 线上,数据传输的次序是先传输高位后传低位。

6. 读块时序

读块时序如图 4.12 所示:

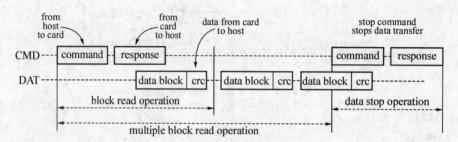

图 4.12　读块时序图

7. 写块时序

写块时序图如图 4.13 所示:

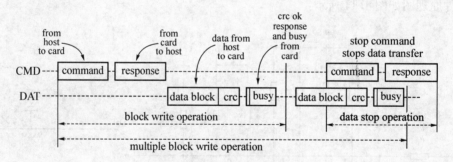

图 4.13　写块时序图

8. SD 卡的外形和接口

标准 SD 的外形尺寸是 24 mm×32 mm×2.1mm,如图 4.14 所示:

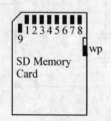

图 4.14　SD 卡的外形和接口

表 SD 卡引脚定义如下图 4.15 所示:

Pin#	SD Mode			SPI Mode		
	Name	Type[1]	Description	Name	Type	Description
1	CD/DAT3[2]	I/O/PP[3]	Card Detect/Data Line[Bit3]	CS	I	Chip Select(neg true)
2	CMD	PP	Command/Response	DI	I	Data In
3	VSS1	S	Supply voltage ground	VSS	S	Supply voltage ground
4	VDD	S	Supply voltage	VDD	S	Supply voltage
5	CLK	I	Clock	SCLK	I	Clock
6	VSS2	S	Supply voltage ground	VSS2	S	Supply voltage ground
7	DAT0	I/O/PP	Data Line[Bit 0]	DO	O/PP	Data Out
8	DAT1	I/O/PP	Data Line[Bit 1]	RSV		
9	DAT2	I/O/PP	Data Line[Bit 2]	RSV		

图 4.15　SD 卡引脚定义

S：供电,**I**：输入,**O**：输出,使用推挽驱动,**PP**：IO 使用推挽方式。

9. SD 卡命令介绍

SD 卡的命令有四种类型:

(1) 无响应广播命令。

(2) 带响应广播命令。各个卡的响应同时进行,这种类型的命令仅用于所用的 CMD 线是分立的—命令和响应会在每根 CMD 线上单独进行。

(3) 带地址命令—DAT 上无数据传输。

(4) 带地址命令—DAT 上有数据传输。

SD 卡的命令格式如表 4.1 所示:

表 4.1　SD 卡的命令格式

Bit position	47	46	[45:40]	[39:8]	[7:1]	0
Width(bits)	1	1	6	32	7	1
Value	'0'	'1'	x	x	x	'1'
Description	start bit	transmission bit	command index	argument	CRC7	end bit

注意：SD 卡命令请参见指导书附录

10. SD 卡的寄存器

SD 卡的寄存器描述如表 4.2 所示:

表 4.2　SD 卡的寄存器描述

名称	位宽	描述
CID	128	卡 ID 号寄存器,每个卡唯一(必有)
RCA	16	卡相对地址寄存器,卡在系统中的局部地址。在初始化的过程中由卡申请,最终由主机确定(必有)
DSR	16	驱动电压配置寄存器,配置卡的输出驱动(可选)
CSD	128	SD 特定数据寄存器,存储关于卡的操作条件(必有)
SCR	64	SD 配置寄存器,存储关于卡的特征和性能(必有)
OCR	32	操作条件寄存器(必有)

SD 卡接口定义了六个寄存器:OCR、CID、CSD、RCA、DSR 和 SCR。这些寄存器仅可以通过响应的命令来读取。OCR、CID、CSD 和 SCR 寄存器包含卡的状态信息,而 RCA 和 DSR 寄存器存储卡的实际配置参数。

OCR 寄存器：

32 位操作条件寄存器保存有 SD 卡的 VDD 电压配置。另外，该寄存器包含一个状态信息位。当上电过程结束后，状态信息位就会被置位。设置 SD 卡 OCR 寄存器的作用是为了操作不支持全操作电压范围的 SD 卡。OCR 寄存器的定义如表 4.3 所示：

表 4.3　OCR 寄存器定义列表

OCR bit position	VDD voltage window
0～3	reserved
4	1.6～1.7
5	1.7～1.8
6	1.8～1.9
7	1.9～2.0
8	2.0～2.1
9	2.1～2.2
10	2.2～2.3
11	2.3～2.4
12	2.4～2.5
13	2.5～2.6
14	2.6～2.7
15	2.7～2.8
16	2.8～2.9
17	2.9～3.0
18	3.0～3.1
19	3.1～3.2
20	3.2～3.3
21	3.3～3.4
22	3.4～3.5
23	3.5～3.6
24～30	reserved
31	card power up status bit(busy)

CID 寄存器：

SD 卡标识寄存器长度 128 位。包括若干卡识别信息。每个 SD 卡都有唯一的一个标识。CID 寄存器的结构如表 4.4 所示：

表 4.4　CID 数据域定义

Name	Field	Width	CID-Sllce
Manufacturer ID	MID	8	[127:120]
OEM/Application ID	OID	16	[119:104]
Product name	PNM	40	[103:64]
Product revision	PRV	8	[63:56]
Product serial number	PSN	32	[55:24]
Reserved	——	4	[23:20]
Manufacturing date	MDT	12	[19:8]
CRC7 checksum	CRC	7	[7:1]
Not used, always '1'	—	1	[0:0]

CSD 寄存器：

SD 卡相关数据寄存器－提供如何访问卡中内容的信息。CSD 定义数据格式,错误校正类型, 最大数据访问时间,是否使用 DSR 寄存器。通过使用命令 CMD27 来改变该寄存器中的可更改内容。如表 4.5 所示：

表 4.5　CSD 数据域定义

Name	Field	Width	Cell type	CSD-sllce
CSD structure	CSD_STRUCTURE	2	R	[127:126]
Reserved	—	6	R	[125:120]
Data read access－time－1	TAAC	8	R	[119:112]
Data read access－time－2 in CLK Cycles(NSAC * 100)	NSAC	8	R	[111:104]
Max. data transfer rate	TRAN_SPEED	8	R	[103:96]
Card command classes	CCC	12	R	[95:84]
Max. read data block length	READ_BL_LEN	4	R	[83:80]
Partial blocks for read allowed	READ_BL_PARTIAL	1	R	[79:79]
Write block misalignment	WRITE_BLK_MISALIGN	1	R	[78:78]
Read block misalignment	READ_BLK_MISALIGN	1	R	[77:77]
DSR implemented	DSR_IMP	1	R	[76:76]
Reserved	—	2	R	[75:74]
Device size	C－SIZE	12	R	[73:62]
Max. read current@V_{DD} min	VDD_R_CURR_MIN	3	R	[61:59]
Max. read current@V_{DD} max	VDD_R_CURR_MAX	3	R	[58:56]
Max. write current@V_{DD} max	VDD_W_CURR_MIN	3	R	[55:53]
Max. write current@V_{DD} max	VDD_W_CURR_MAX	3	R	[52:50]
Device sizemultipller	C_SIZE_MULT	3	R	[49:47]
Erase single block enable	ERASE_BLK_EN	1	R	[46:46]
Erase sector size	SECTOR_SIZE	7	R	[45:39]
Write protect group size	WP_GRP_SIZE	7	R	[38:32]
Write protect group enable	WP_GRP_ENABLE	1	R	[31:31]
Reserved for MultiMediaCard compatibility		2	R	[30:29]
Write speed factor	R2WFACTOR	3	R	[28:26]
Max. write data bloc length	WRITE_BL_LEN	4	R	[25:22]
Partial blocks for wrie allowed	WRITE_BL_PARTIAL	1	R	[21:21]
Reserved	—	5	R	[20:16]
File rormat group	FILE_FORMAT_GRP	1	R/W(1)	[15:15]
Copy flag(OTP)	COPY	1	R/W(1)	[14:14]
Permanent write protection	PERM_WRITE_PROTECT	1	R/W(1)	[13:13]
Temporary write protection	TMP_WRITE_PROTECT	1	R/W	[12:12]
File format	FILE_FORMAT	2	R/W(1)	[11:10]
reserved		2	R/W(1)	[9:8]
CRC	CRC	7	R/W	[7:1]
Not used always'1	—	1	—	[0:0]

RCA 寄存器：

可写 16 位相对地址寄存器,由卡在 SD 识别器件发送。相对地址用于 SD 卡与主机之间进行

通讯。缺省的 RCA 值是 0x0000。此值同样用于设置所有的卡进入 Stand-by 状态(CMD7)

DSR 寄存器：

上文有述，DSR 寄存器主要用于设定 SD 卡的驱动电平范围。用以提高 SD 卡的总线性能。缺省 DSR 值为 0x404。

SCR 寄存器：

提供 SD 中的配置状态。其结构如表 4.6 所示：

表 4.6　SD 数据域定义

Description	Field	Width	Cell Type	SCR Slice
SCR Structrue	SCR_STRUCTURE	4	R	[63:60]
SD Memor Card—Spec. Version	SD_SPEC	4	R	[59:65]
Data_status_after erases	DATA_ATAT_AFTER_ERASE	1	R	[55:55]
SD Security Support	SD_SECURITY	3	R	[54:52]
DAT Bus widths supported	SD_BUS_WIDTHS	4	R	[51:48]
Reserved	—	16	R	[47:32]
Reserved for manufacturer usage	—	32	R	[31:0]

11. SD 卡详细描述

主机和 SD 卡之间的通信过程由主机统一控制。主机发出的命令由两种类型：广播命令和地址(点到点)命令。

SD 卡通信中使用两种模式：卡识别模式和数据传输模式。

卡识别模式：

主机复位后进入卡识别模式来搜索新卡。卡会保持此种模式直到收到命令 SEND_RCA (CMD3)，在此种模式中，主机复位所有的 SD 卡，校验操作电压范围，请求 SD 相对卡地址(RCA)。此种操作通过选择它们的命令线依次对每个 SD 卡进行。在卡识别模式下进行的数据通信全部在 CMD 线上传输的。

在卡识别模式的数据状态图 4.16：

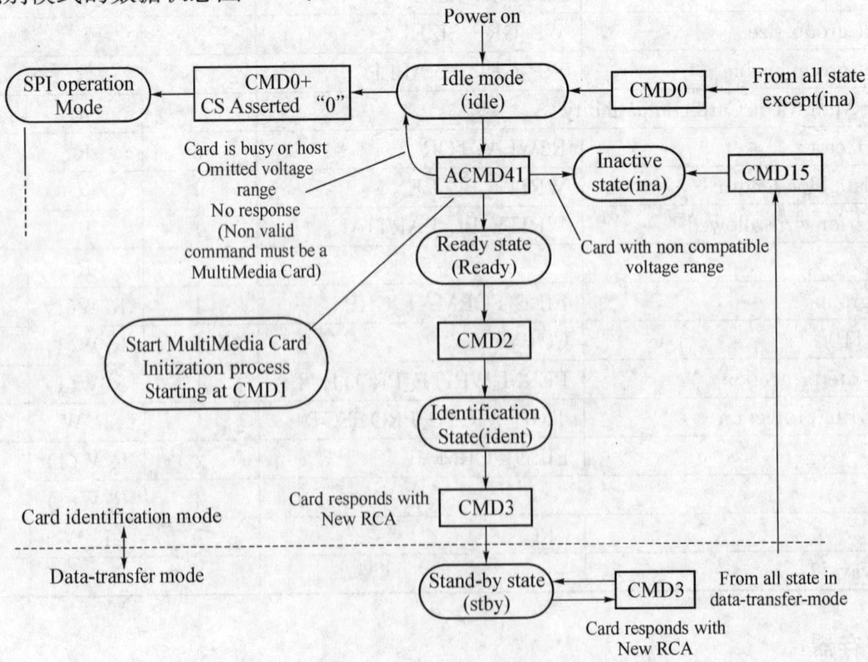

图 4.16　SD 卡识别过程

复位后总线进入有效的状态,主机会分别请求每个 SD 卡发出他们的有效操作条件(APP_CMD_CMD55+ACMD41,其中,RCA=0x0000)。ACMD41 命令的响应是 OCR 寄存器的内容。不兼容的卡就会进入 Inactive 状态。此后,主机发出 ALL_SEND_CID (CMD2)命令,获取每个卡的 ID 号。当 SD 卡发送 CID 数据后,进入 Identification 状态。之后,主机发送 CMD3(SEND_RELATIVE_ADDR)命令请求卡发送其新的 RCA 地址(发送之后,卡进入 the Stand-by 状态)。此时,如果主机要求 SD 卡更换 RCA 地址的话就会重复发送 CMD3 要求新的 RCA 地址。SD 卡最终发送的 RCA 地址就是实际的 RCA。

12. 数据传输模式

卡识别过程结束后,进入数据传输模式。在此模式中,主机发送 SEND_CSD (CMD9)命令获取卡的 CSD 寄存器的内容(例如:传输块的长度,卡存储容量)。

发送 SET_DSR (CMD4)配置所有识别卡的驱动电压范围。发送 CMD7 来选择一个卡进入传输状态(Transfer State),在任意时刻,只有一个卡可以处于该状态。当发送的 CMD7 中的 RCA 为"0x0000"时,所有的卡进入 Stand-by 状态,如图 4.17 所示。

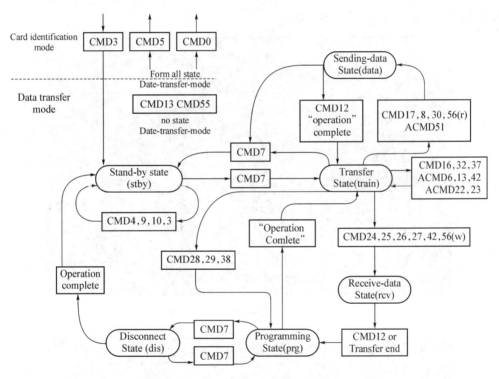

图 4.17　SD 卡状态图(数据传输模式)

数据传输模式摘要如下:

所有的数据读取命令在主机发出 CMD12 之后被中断。数据传输过程被中断并返回到 Transfer 状态。读取命令包括:CMD17－读取块,CMD18－读取多个块,CMD30－发送写保护,ACMD51－发送 SCR,CMD56－读入模式通用命令。

所有的数据写入命令在主机发出 CMD12 之后被中断。写命令必须在 SD 卡处于非选定状态之前停止(卡状态切换命令:CMD7)。写命令包括:CMD24、CMD25－写块,CMD26－写 CSD,CMD42－锁和解锁命令,CMD56－写模式通用命令。

当数据发送完毕后,SD 卡退出数据写入状态返回到如下的两种状态:编程状态(发送成功)或者传输状态(发送失败)。

如果写入块的操作停止后,块长和 CRC 校验有效,数据就会在 SD 卡中编程。

　　SD 卡提供数据缓冲的功能用于写块,如果写缓冲区满,只要卡仍然处于编程状态,数据线 DAT0 就会保持低(忙状态)。

　　对于命令 CSD、CID、写保护和擦除操作没有相应的数据缓冲区。编程中不能使用参数设置命令。

　　参数设置命令包括:设定块长度(CMD16)、擦除块起始(CMD32)、擦除块中止(CMD33)编程中不可以使用读命令。

　　擦除和编程中 CMD7 无效。擦除和编程完成后 SD 卡会进入 Disconnect 状态释放数据线。使用命令 CMD7,SD 卡可以重新选择在 Disconnect 状态。

　　复位 SD 卡(命令 CMD0 和 CMD15)将结束任何处于等待或正在进行的编程操作,这会破坏卡中保存的数据的内容。

　　13. 驱动源码位置

● /linux/drivers/mmc/sep_mci. c

● /linux/drivers/mmc/sep_mci. h

六、编译内核相关选项

　　内核编译相关选项(图 4.18~图 4.20)

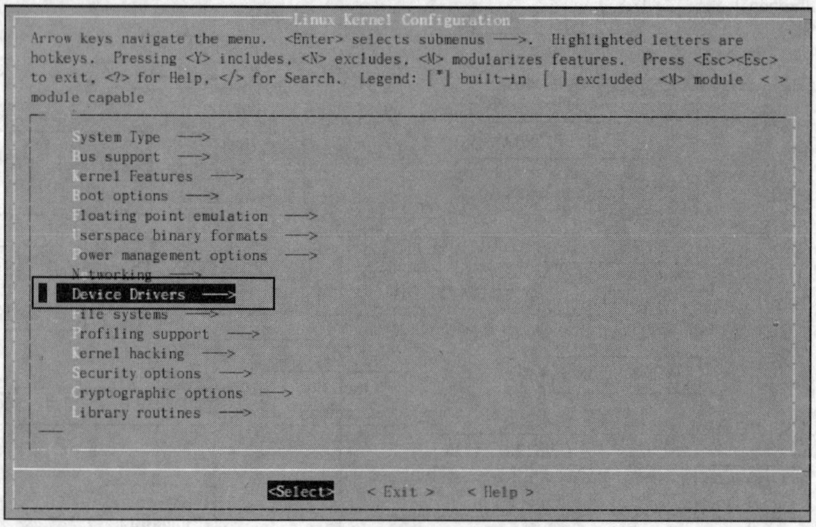

图 4.18

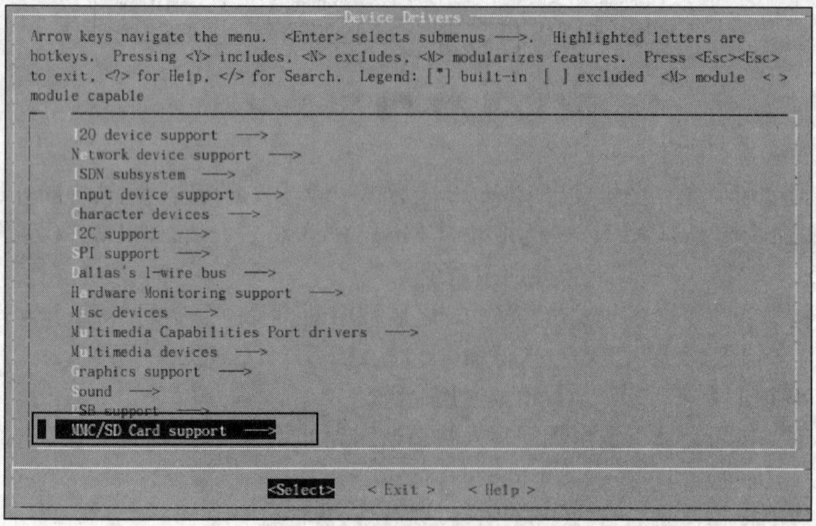

图 4.19

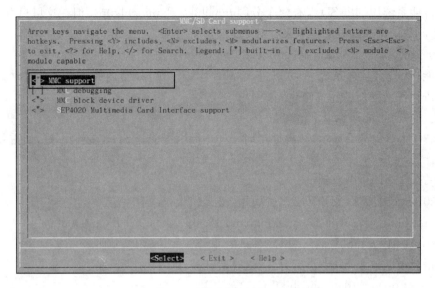

图 4.20

把图中相应的三个选项选上,这样就能把 SD 卡驱动编译进内核。

七、实验步骤

1. 请确保电源线、网线、串口及 SD 卡均已正确连接到开发板上,并上电。

在现在的开发板上是不支持 SD 卡热拔插的,所以要让系统识别 SD 卡必须在开发板上电前将 SD 卡插上插座,并且注意目前 SD 卡的驱动还不支持 2 GB 及 2 GB 以上的大容量 SD 卡,上电时如果发现有一下启动信息就说明 SD 已经被系统识别出来了。

mmc0:host does not support reading read-only switch. assuming write enable.

mmcblk0:mmc0:2fe5 SD01G 1006080KiB

mmcblk0:<7>MMC:starting cmd 12 arg 00000000 flags 00000035

p1

从这些启动信息可看出 SD 卡容量有 1 GB 大小,

2. 接着进入/dev 目录

键入 ls 命令出现图 4.21 所示内容。

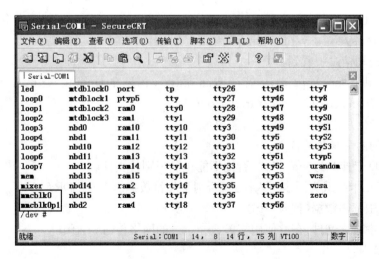

图 4.21

这样就说明系统识别出 SD 卡有两个分区 mmcblk0 和 mmcblk0p1,但在这里只有 mmcblk0p1能够使用,为此我们得输入以下命令来挂载 SD 卡:

/dev♯mount-t vfat-o sync /dev/mmcblk0p1 /mnt

这样就能将 SD 卡挂进系统了,可以进入/mnt 就能看到 SD 卡内的文件了。这时就可以对 SD卡中的内容进行任何增加、删除、修改等操作了。

注意:启动时有可能遇到以下情况:

(1) 如果什么信息都不提示,和没插卡时一样。原因可能是 SD 卡接触不好,请重新插拔,重新上电。

(2) 如果在启动信息中看到:

mmcblk0:mmc0:e624 SD01G 992000KiB

/dev/mmc/blk0:<7>MMC:starting cmd 12 arg 00000000 flags 00000035

unknown partition table

这样的信息说明这个 SD 卡没有分区,这时要挂载 SD 卡用以下命令:

mount-t vfat-o sync /dev/mmcblk0 mnt

(3) 如果在启动信息中看到图 4.22 红框内所示信息:

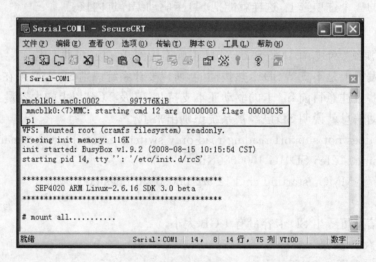

图 4.22

这说明 SD 卡已经分区了,至少有一个 p1 分区,这时要挂载 SD 卡用以下命令:

mount-t vfat-o sync /dev/mmcblk0p1 /mnt

(4) 如果在启动信息中看到:

mmc0:host does not support reading read-only switch. assuming write-enable.

mmc0:unrecognised SCR structure version 12

这说明 SD 卡信息没有认出来,这时需要重启一下系统。

挂载 SD 中的两个参数的含义:

-t vfat:将 SD 卡挂载为 vfat 格式,否则不能正确识别长文件名;

-o sync:将 SD 卡挂载为同步写入模式,否则会先将数据缓存在 SDRAM 中。

3. 向 SD 卡中读写数据(打开 tftp)

1) 往 SD 卡中写入文件,在此使用实验 2 介绍过的网络传命令:tftp

(1) 进入 SD 卡:

/mnt ♯ ls

1. mp3	every_moment_of_my_life. mp3
2. mp3	explorer. exe
7 毕业论文——王建成. doc	explosive. mp3
9 系统使用说明书——王建成. doc	mplayer
Don't Push Me. mp3	s2. avi
Ein Kleines Lied . mp3	vmlinux. img
Recycled. exe	操作命令. txt
dcim	

上面显示的是 SD 卡中的内容。

（2）使用 tftp 命令从 PC 机中向 SD 卡写入文档 shiyansan. doc，如图 4.23 SD 卡中便于出现了 shiyansan. doc 文件。

/mnt ♯ tftp-g-r shiyansan. doc 192. 168. 0. 1

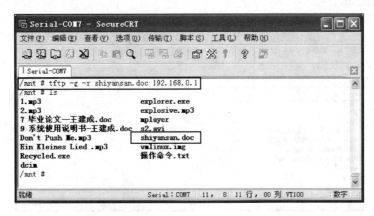

图 4. 23

2）从 SD 卡读文件 1. mp3 到 PC 机，进终端输入命令：

/mnt ♯ tftp-p-l 1. mp3 192. 168. 0. 1

然后在 PC 端 tftp32 文件夹中便出现了 1. mp3。如图 4. 24 所示。

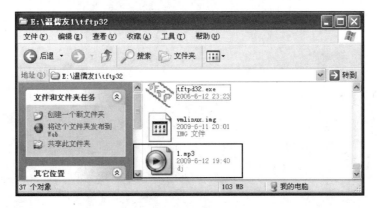

图 4. 24

4. 删除、增加文件

（1）删除文件 shiyansan. doc，如图 4. 25 所示。

/mnt ♯rm shiyansan. doc

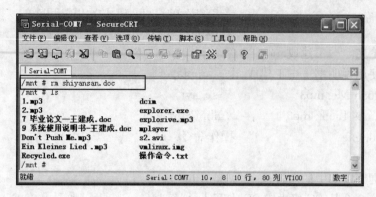

图 4.25

（2）增加文件。从根目录下把 g_file_storage.ko 拷贝到 SD 卡。如图 4.26 所示
/mnt ♯ cp /g_file_storage.ko ./

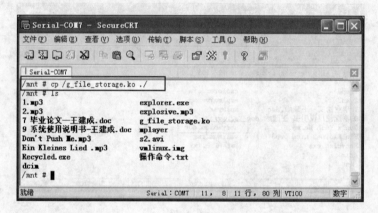

图 4.26

实验 5　LCD 显示实验

一、实验目的

1. 了解 LCD 的物理特性和工作原理；
2. 初步掌握液晶屏的使用；
3. 了解 ARM7T ASIX CORE 内核 LCD 控制器的工作原理；
4. 通过实验掌握液晶显示图形和视频的方法。

二、实验设备

硬件：UB4020EVB 开发板、LCD 屏、交叉网线、PC 机奔腾 4 以上，硬盘 10 GB 以上；

软件：PC 机操作系统 Fedra 7.0＋Linux SDK 3.1＋AMRLINUX 开发环境。

三、预备知识

1. LCD 工作原理与物理特性

液晶得名于其物理特性，它的分子晶体以液态存在而非固态。这些晶体分子的液体特性使得它具有一些非常有用的特点：

1）如果让电流通过液晶层，这些分子将会以电流的流向方向进行排列，如果没有电流，它们将会彼此平行排列。

2）如果提供了带有细小沟槽的外层，将液晶倒入后，液晶分子会顺着槽排列，并且内层与外层以同样的方式进行排列。

3）液晶的第三个特性是很神奇的：液晶层能够使光线发生扭转。液晶层表现得有些类似偏光器，这就意味着它能够过滤掉除了那些从特殊方向射入之外的所有光线。如果液晶层发生了扭转，光线将会随之扭转，以不同的方向从另外一个面中射出。

液晶的这些特点使得它可以被用来当作一种开关——即可以阻碍或允许光线通过。液晶单元的底层是由细小的脊构成的，这些脊的作用是让分子呈平行排列。上表面也是如此，在这两侧之间的分子平行排列，不过当上下两个表面之间呈一定的角度时，液晶成了随着两个不同方向的表面进行排列，就会发生扭曲。结果便是这个扭曲了的螺旋层使通过的光线也发生扭曲。如果电流通过液晶，所有的分子将会按照电流的方向进行排列，这样就会消除光线的扭转。如果将一个偏振滤光器放置在液晶层的上表面，扭转的光线通过了，而没有发生扭转的光线将被阻碍。因此可以通过电流的通断改变 LCD 中的液晶排列，使光线在加电时射出，而不加电时被阻断。也有某些设计为了省电的需要，设计成有电流时，光线不能通过，没有电流时，光线通过。LCD 显示器的基本原理就是通过给不同的液晶单元供电，控制其光线的通过与否，从而达到显示的目的。

由上述的原理，我们可以将 LCD 的驱动控制归于对每个液晶单元的通断电的控制。每个液晶单元都对应着一个电极，对其通断电，便可使用光线通过或者阻止（也有刚好相反的，即不通电时光线通过，通电时光线不通过），从而显示图形。光源的提供方式有两种：透射式和反射式。如笔记本电脑的 LCD 显示屏即为透射式，屏后面有一个光源，因此可以不需要外界环境光源。而一般微控制器上使用的 LCD 为反射式，需要外界提供光源，靠反射光来工作。

本开发板上采用的是透射式的 LCD，背光光源采用电致发光（EL）。电致发光（EL）是将电能直接转换为光能的一种发光现象。生产厂家就是利用此原理经过加工，制作成的一种发光薄片称为电致发光片。其特点是：超薄、高亮度、高效率、低功耗、低热量、可弯曲、抗冲击、长寿命、多种颜色选择等。因此，电致发光片被广泛应用于各种领域。

2. 学习 C 语言和汇编语言基础知识。

四、实验原理

1. LCDC 控制器的可编程控制寄存器

表 4.7   寄存器地址映射表

偏移地址	寄存器名称	宽度	描 述	复位值
0x00	SSA	32	屏幕起始地址寄存器	0x00000000
0x04	SIZE	32	屏幕尺寸寄存器	0x00000000
0x08	PCR	32	面板配置寄存器	0x00000000
0x0C	HCR	32	水平配置寄存器	0x00000000
0x10	VCR	32	垂直配置寄存器	0x00000000
0x14	PWMR	32	PWM 对比度控制寄存器	0x00000000
0x18	LECR	32	使能控制寄存器	0x00000000
0x1c	DMACR	32	DMA 控制寄存器	0x00000000
0x20	LCDICR	32	中断配置寄存器	0x00000000
0x24	LCDISR	32	中断状态寄存器	0x00000000
0x40～0x7c	LGPMR	32	灰度调色映射寄存器组	0x00000000

其中 LCDC 基址为 0x11002000

2. LCD 的控制方式:

一种是带有驱动电路的 LCD。目前有多种专用芯片可以驱动控制 LCD 模块,不同尺寸、不同分辨率、不同色彩数的 LCD 所用的驱动芯片也是不一样的。另外,不同驱动芯片的内存大小、扫描频率、包含的字库也都不一样。这些带驱动电路的 LCD 模块给出的是总线接口,包括数据线和部分电源和控制线。处理器可以通过总线接口来实现对 LCD 的控制,不但方便而且能够节约系统资源。因此它成为大多用户特别是使用低档单片机的用户的首选方案。

此外,还有一种不带驱动电路的 LCD。使用时,必须由处理器来完成 LCD 驱动以及控制等操作,这种屏适用于那些具有 LCD 驱动能力的高档 MPU,比如本实验系统中使用的 SEP4020。

3. SEP4020 中具有内置的 LCD 控制器,支持灰度 LCD 和彩色 LCD。控制器负责将显存(在系统存储器中)中的数据送到 LCD 驱动电路。在灰度 LCD 上,使用基于时间的抖动算法(time-based dithering algorithm)和 FRC(Frame RateControl)方法,可以支持单色、4 级灰度和 16 级灰度模式的灰度 LCD;在彩色 LCD 上,最多可支持 65535(16 位)级彩色。可以通过编程修改相应的 LCD 控制器寄存器的值,适配不同大小、像素的 LCD。

4. 实验中所用 LCD 控制器有下列外部接口信号:

VFRAME——LCD 控制器和 LCD 驱动器之间的帧同步信号。它通知 LCD 屏新一帧的显示,LCD 控制器在一个完整帧的显示后发出 VFRAME 信号。

VLINE—— LCD 控制器和 LCD 驱动器间的同步脉冲信号,LCD 驱动器通过它来将水平移位寄存器中的内容显示到 LCD 屏上。LCD 控制器在一整行数据全部传输到 LCD 驱动器后发出 VLINE 信号。

VCLK——此信号为 LCD 控制器和 LCD 驱动器之间的像素时钟信号,LCD 控制器在 VCLK 的上升沿发送数据,在 VCLK 的下降沿采样数据。

VM——LCD 驱动器所使用的交流信号。LCD 驱动器使用 VM 信号改变用于打开或关闭象素的行和列电压的极性。VM 信号在每一帧触发,也在编程决定数量的 VLINE 信号触发。

VD[7:0]——LCD 像素数据输出端口。

5. LCD 控制器包含 REGBANK、LCDCDMA、VIDPRCS 和 TIMEGEN 四个模块。REG-

BANK 具有 18 个可编程寄存器,用于配置 LCD 控制器;LCDCDMA 为专用 DMA,它可以自动地将显示数据从帧内存中传送到 LCD 驱动器中。通过专用 DMA,可以实现在不需要 CPU 介入的情况下显示数据;VIDPRCS 从 LCDCDMA 接收数据,将相应格式(比如 4/8 位单一扫描和 4 位双扫描显示模式)的数据通过 TIMEGEN 包含的可编程的逻辑,以支持常见的 LCD 驱动器所需要的不同接口时间和速率的要求;TIMEGEN 部分产生 VFRAME、VLINE、VCLK、VM 等信号。

硬件原理图如图 4.27~图 4.29 所示:

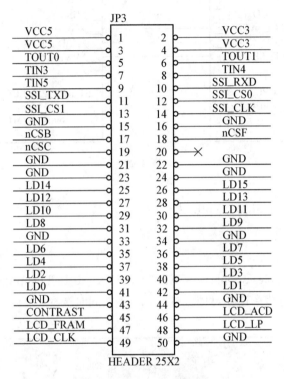

图 4.27

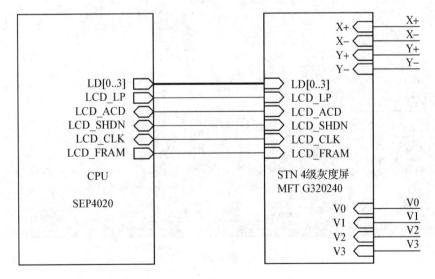

图 4.28

注:其中的 V[0~3]为产生 4 级灰度需要的固定电平;X+,X-,Y+,Y-为触摸屏的接口信号。

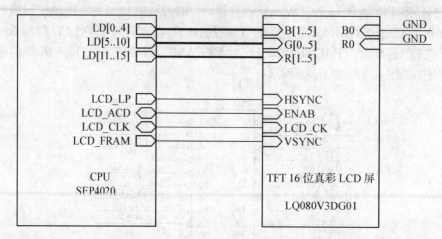

图 4.29

6. 驱动源码位置

/linux/driver/vedio/sepfb.c 、sepfb.h

五、内核编译相关选项

图 4.30~图 4.34

Device Driver->Graphics support->SEP4020 640×480 LCD support-> SEP4020 320×240 LCD support(根据不同分辨率选择,只能选择一个,不能同时选择)

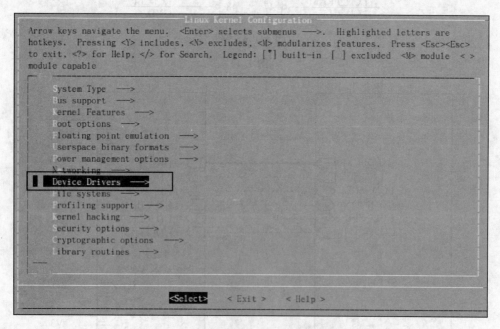

图 4.30

```
───────────────────────── Device Drivers ─────────────────────────
Arrow keys navigate the menu.  <Enter> selects submenus ──>.  Highlighted let
hotkeys.  Pressing <Y> includes, <N> excludes, <M> modularizes features.  Pres
<Esc><Esc> to exit, <?> for Help, </> for Search.  Legend: [*] built-in  [ ] e
<M> module  < > module capable
┌──────────────────────────────────────────────────────────────────
│       Generic Driver Options  ──>
│       Connector - unified userspace <-> kernelspace linker  ──>
│       Memory Technology Devices (MTD)  ──>
│       Parallel port support  ──>
│       Plug and Play support  ──>
│       Block devices  ──>
│       SCSI device support  ──>
│       Multi-device support (RAID and LVM)  ──>
│       Fusion MPT device support  ──>
│       IEEE 1394 (FireWire) support  ──>
│       I2O device support  ──>
│       Network device support  ──>
│       ISDN subsystem  ──>
│       Input device support  ──>
│       Character devices  ──>
│       I2C support  ──>
│       SPI support  ──>
│       Dallas's 1-wire bus  ──>
│       Hardware Monitoring support  ──>
│       Misc devices  ──>
│       Multimedia Capabilities Port drivers  ──>
│       Multimedia devices  ──>
│   ██  Graphics support  ──>
│       Sound  ──>
```

图 4.31

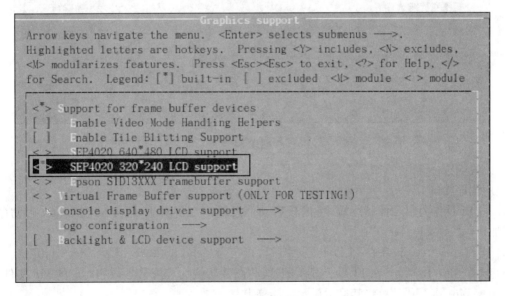

```
───────────────────────── Graphics support ─────────────────────────
Arrow keys navigate the menu.  <Enter> selects submenus ──>.
Highlighted letters are hotkeys.  Pressing <Y> includes, <N> excludes,
<M> modularizes features.  Press <Esc><Esc> to exit, <?> for Help, </>
for Search.  Legend: [*] built-in  [ ] excluded  <M> module  < > module
┌──────────────────────────────────────────────────────────────────
│   <*> Support for frame buffer devices
│   [ ]     Enable Video Mode Handling Helpers
│   [ ]     Enable Tile Blitting Support
│   < >     SEP4020 640*480 LCD support
│   < >     SEP4020 320*240 LCD support
│   < >     Epson S1D13XXX framebuffer support
│   < >  Virtual Frame Buffer support (ONLY FOR TESTING!)
│          Console display driver support  ──>
│          Logo configuration  ──>
│   [ ]  Backlight & LCD device support  ──>
```

图 4.32

Device Driver->Graphics support->console display driver-support

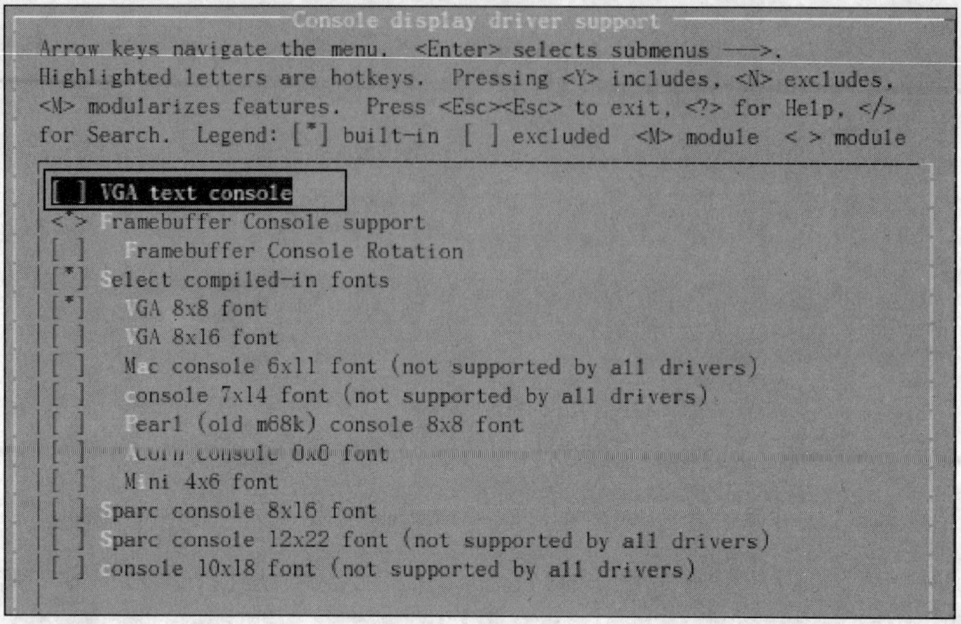

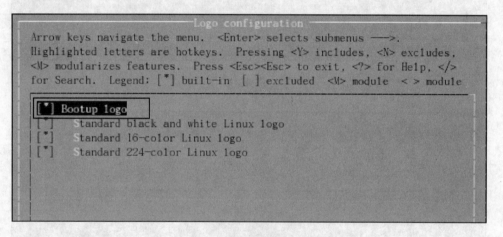

图 4.33

Device Driver->Graphics support->logo configuration

图 4.34

在此我们选择 320×240。

应用程序接口

1）将 LCD 作为启动控制终端，将内核启动信息输出在屏幕上，需要修改 Linux 启动命令参数，添加代码"console=tty0"；

2）操作/dev/tty0 设备在 LCD 上显示字符，指令为"echo helloworld ＞ /dev/tty0"；

3）操作/dev/fb0 设备在 LCD 上显示图片，将图片转换为和屏幕参数相对应的 bin 文件，通过指令"cp x. bin /dev/fb0"可将其显示显示在屏幕上。

（1）LCD 显示图片实验

①实验内容

在 LCD 上显示一幅图像。

②实验步骤

在做本实验之前，请根据上面介绍将内核配置好并编译，然后确保电源线、网线、串口及 LCD

屏均已正确连接到开发板上,并上电。

通过 PC 软件 Image2Lcd 可以将图片转换为 320×240,16bit$(5-6-5)$的 bin 格式,将 bin 文件直接复制到/dev/fb0 即可显示图片。

步骤如下:

(1) 在 PC 机上下载并安装软件 Image2Lcd。

(2) 双击 Image2Lcd. exe,如图 4.35 所示:

图 4.35

(3) 按默认进行安装,一直点击[Next]直到完成。

(4) 完成后如图 4.36 所示:

图 4.36

(5) 任意打开一图片,并进行设置如图 4.37 所示:

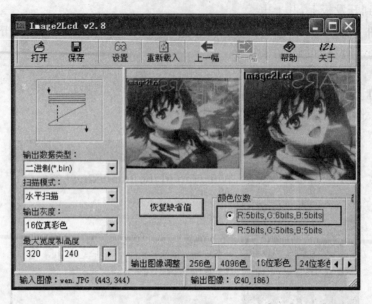

图 4.37

（6）保存。如图 4.37 所示。

（7）打开开发板电源，进入 nfs 系统。

（8）进入 tmp，把刚生成的 .bin 文件（如我刚生成的文件名为 wen.bin）放到 tftp 下面。用命令：

　　/tmp ♯ tftp-g-r wen.bin 192.168.0.1

　　把 wen.bin 下载到 tmp 下。如图 4.38 所示：

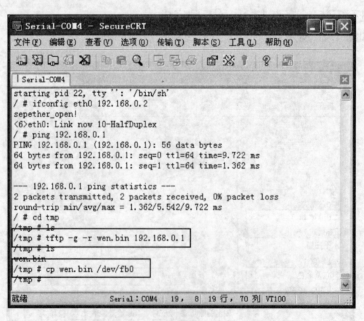

图 4.38

输入如下命令，LCD 便显示出了图像，如图 4.39 所示：

　　/tmp ♯ cp wen.bin /dev/fb0

图 4.39

（2）LCD 显示视频实验

①实验内容

在 LCD 上显示一段视频。

②实验步骤

在做本实验之前，请根据上面介绍将内核配置好并编译，然后确保电源线、网线、串口及 LCD 屏均已正确连接到开发板上，并上电。

mplayer 是我们移植的一个基于控制台下的视屏播放器。它有多种播放控制模式，目前我们编译的 mplayer 程序还不能支持声音，视屏大小为 320×240。

例子中将 mplayer 程序和 s2. avi 文件保存在 tftp 文件夹下。使用网络功能将两文件下载到终端的 tmp 临时文件夹下，操作如下：

```
* * * * * * * * * * * * * * * * * * * * * * * * * * * * * * * * * * * * * * * * * * * * * *
* * * * * *
SEP4020 ARM Linux-2. 6. 16 SDK 3. 1
* * * * * * * * * * * * * * * * * * * * * * * * * * * * * * * * * * * * * * * * * * * * * *
* * * * * *
# mount all..........
# Starting mdev........
starting pid 236, tty "：'-/bin/sh'
/ # ls
bin          home         mnt          sbin         var
demo         lib          plugins      sys          we
dev          linuxrc      proc         tmp
etc          minigui-demo root         usr
/ # cd tmp/
/tmp # tftp-g-r s2. avi   192. 168. 0. 1
/tmp # tftp-g-r mplayer   192. 168. 0. 1
```

/tmp # ls

mplayer　s2. avi

/tmp # ./mplayer s2. avi

-/bin/sh：./mplayer：Permission denied

/tmp # chmod 777 mplayer

/tmp # ./mplayer s2. avi

MPlayer 1. 0pre7try2-3. 3. 2 (C) 2000-2005 MPlayer Team

CPU：ARM

Creating config file：//. mplayer/config

Playing s2. avi.

AVI file format detected.

AVI_NI：No audio stream found-> no sound.

AVI：No audio stream found-> no sound.

VIDEO：［MPG2］ 320x240　24bpp　29. 970 fps　362. 4 kbps (44. 2 kbyte/s)

VIDEO：MPEG2　320x240　(aspect 1)　29. 970 fps　362. 4 kbps (45. 3 kbyte/s)

Clip info：

Software：VirtualDubMod 1. 5. 10. 2 (build 2540/release)

Opening video decoder：［mpegpes］ MPEG 1/2 Video passthrough

VDec：vo config request-320 x 240 (preferred csp：Mpeg PES)

Could not find matching colorspace-retrying with-vf scale...

Opening video filter：［scale］

The selected video_out device is incompatible with this codec.

VDecoder init failed ：(

Opening video decoder：［libmpeg2］ MPEG 1/2 Video decoder libmpeg2-v0. 4. 0b

Selected video codec：［mpeg12］ vfm：libmpeg2 (MPEG-1 or 2 (libmpeg2))

Audio：no sound

V：　26. 7 801/801 155％ 112750％　0. 0％ 0 0

Exiting... (End of file)

/tmp #

/tmp #

VDec：vo config request-320 x 240 (preferred csp：Planar YV12)

Could not find matching colorspace-retrying with-vf scale...

Opening video filter：［scale］

VDec：using Planar YV12 as output csp (no 0)

Movie-Aspect is undefined-no prescaling applied.

No accelerated colorspace conversion found

SwScaler：using unscaled Planar YV12-> BGR 16-bit special converter

VO：［fbdev］ 320x240=> 320x240 BGR 16-bit

操作过程中，当输入如下命令时：

/tmp ♯ ./mplayer s2.avi

出现如下错误：

-/bin/sh：./mplayer：Permission denied

这说明对 mplayer 操作的权限不够，输入如下命令再运行即可。

/tmp ♯ chmod 777 mplayer

实验 6　以太网传输实验

一、实验目的

1. 熟悉 Linux 网络设备驱动原理；
2. 学会编写以太网接口的简单驱动程序；
3. 能够使用以太网传输文件。

二、实验设备

硬件：UB4020EVB 开发板、交叉网线、PC 机奔腾 4 以上，硬盘 10 GB 以上。

软件：PC 机操作系统 Fedra 7.0＋Linux SDK 3.1＋AMRLINUX 开发环境。

三、实验内容

1. 编写 Linux 下的以太网驱动程序；
2. 实现文件传输。

四、实验原理

1. Linux 网络驱动程序的体系结构（图 4.40）

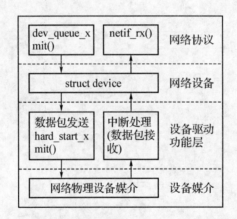

图 4.40

　　Linux 网络驱动程序的体系结构可以划分为四层，从上到下分别为：协议接口层、网络设备接口层，再就是提供实际功能的设备驱动功能层以及网络设备和网络媒介层。我们在设计网络驱动程序时，最主要的工作就是完成设备驱动功能层，使其满足我们自己所需的功能。在 Linux 中对所有网络设备都抽象为一个接口，这个接口提供了对所有网络设备的操作集合。由数据结构 struct device 来表示网络设备在内核中的运行情况，即网络设备接口，它既包括纯软件网络设备接口，如环路（Loopback），也可以包括硬件网络设备接口，如以太网卡。而由以 dev_base 为头指针的设备链表来集体管理所有网络设备，该设备链表中的每个元素代表一个网络设备接口。数据结构 device 中有很多供系统访问和协议层调用的设备方法，包括供设备初始化和往系统注册用的 init 函数，打开和关闭网络设备的 open 和 stop 函数，处理数据包发送的函数 hard_start_xmit，以及中断处理函数等。有关 device 数据结构（在内核中也就是 net_device）的详细内容，请参看/linux/include/linux/netdevice.h。

　　2. 初始化

网络设备的初始化主要是由 device 数据结构中的 init 函数指针所指的初始化函数来完成的，

当内核启动或加载网络驱动模块的时候,就会调用初始化过程。在这其中将首先检测网络物理设备是否存在,这是通过检测物理设备的硬件特征来完成的,然后再对设备进行资源配置,这些完成之后就要构造设备的 device 数据结构,通过检测到的数值来对 device 中的变量初始化,这一步很重要。最后向 Linux 内核中注册该设备并申请内存空间。

3. 数据包的发送与接收

数据包的发送和接收是实现 Linux 网络驱动程序中两个最关键的过程,对这两个过程处理的好坏将直接影响到驱动程序的整体运行质量。图 4.40 中也很明确地说明了网络数据包的传输过程。首先在网络设备驱动加载时,通过 device 域中的 init 函数指针调用网络设备的初始化函数对设备进行初始化,如果操作成功就可以通过 device 域中的 open 函数指针调用网络设备的打开函数打开设备,再通过 device 域中的建立硬件包头函数指针 hard_header 来建立硬件包头信息。最后通过协议接口层函数 dev_queue_xmit(详见/linux/net/core/dev.c)来调用 device 域中的 hard_start_xmit 函数指针来完成数据包的发送。该函数将把存放在套接字缓冲区中的数据发送到物理设备,该缓冲区是由数据结构 sk_buff(详见/linux/include/linux/skbuff.h)来表示的。数据包的接收是通过中断机制来完成的,当有数据到达时,就产生中断信号,网络设备驱动功能层就调用中断处理程序,即数据包接收程序来处理数据包的接收,然后网络协议接口层调用 netif_rx 函数(详见/linux/net/core/dev.c)把接收到的数据包传输到网络协议的上层进行处理。

4. 实现模式

实现 Linux 网络设备驱动功能主要有两种形式:一是通过内核来进行加载,当内核启动的时候,就开始加载网络设备驱动程序,内核启动完成之后,网络驱动功能也随即实现了,接着就是通过模块加载的形式。比较两者,第二种形式更加灵活。模块设计是 Linux 中特有的技术,它使 Linux 内核功能更容易扩展。采用模块来设计 Linux 网络设备驱动程序会很轻松,并且能够形成固定的模式,任何人只要依照这个模式去设计,都能设计出优良的网络驱动程序。

在此简要概述一下基于模块加载的网络驱动程序的设计步骤:首先通过模块加载命令 insmod 来把网络设备驱动程序插入到内核之中。然后 insmod 将调用 init_module() 函数首先对网络设备的 init 函数指针初始化,再通过调用 register_netdev() 函数在 Linux 系统中注册该网络设备,如果成功,再调用 init 函数指针所指的网络设备初始化函数来对设备初始化,将设备的 device 数据结构插入到 dev_base 链表的末尾。最后可以通过执行模块卸载命令 rmmod 来调用网络驱动程序中的 cleanup_module() 函数来对网络驱动程序模块卸载。通过模块初始化网络接口在编译内核时标记为编译为模块,系统在启动时并不知道该接口的存在,需要用户在/etc/rc.d/目录中定义的初始启动脚本中写入命令或手动将模块插入内核空间来激活网络接口。这也给我们在何时加载网络设备驱动程序提供了灵活性。

在此着重对某类核载形式进行讨论。

5. 10 M 以太网硬件原理图(图 4.41)

6. 驱动源码文件位置

SEP4020 的网卡驱动的文件位于:

● 　/linux/drivers/net/arm/sep_eth.c

● 　/linux/drivers/net/arm/sep_eth.h

这两个文件,sep_eth.c 是实现部分,sep_eth.h 是数据结构定义部分。

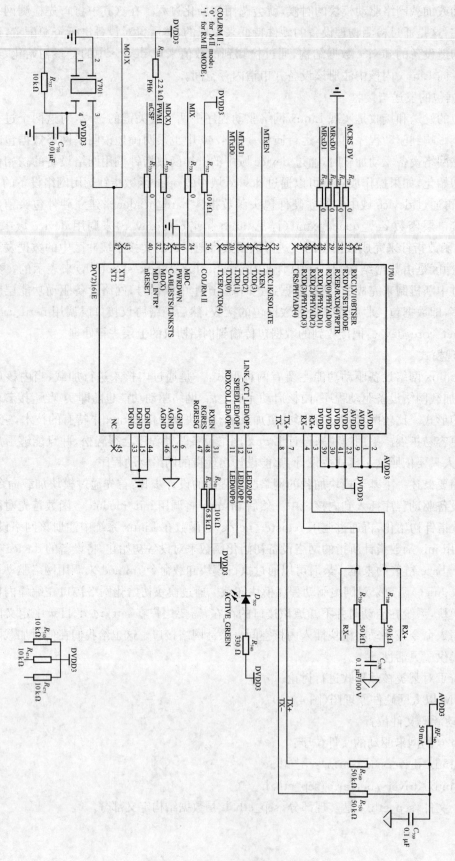

图 4.41　10 M 以太网硬件原理图

五、内核编译相关选项

通过内核来加载的内核配置如以下图所示：

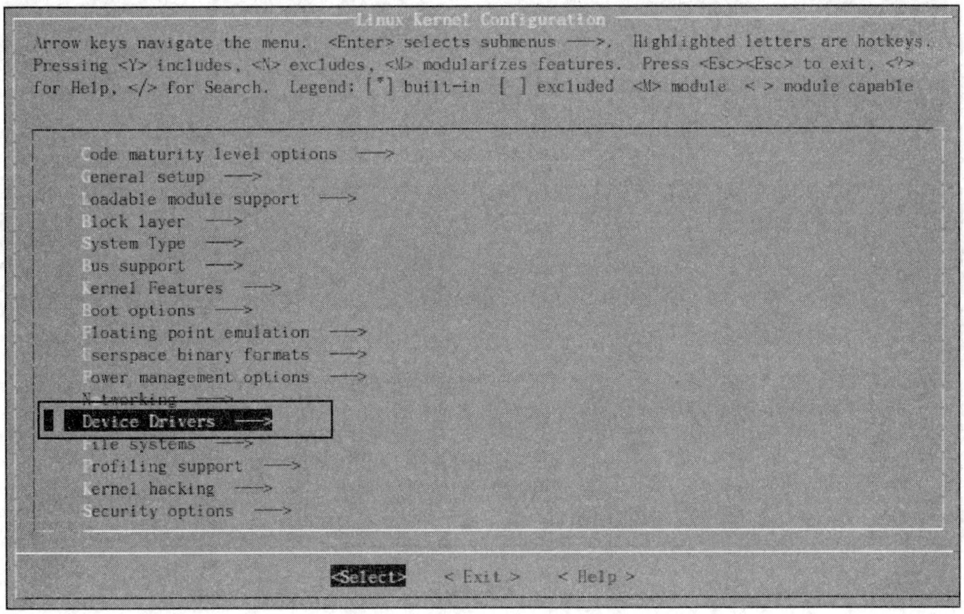

图 4.42

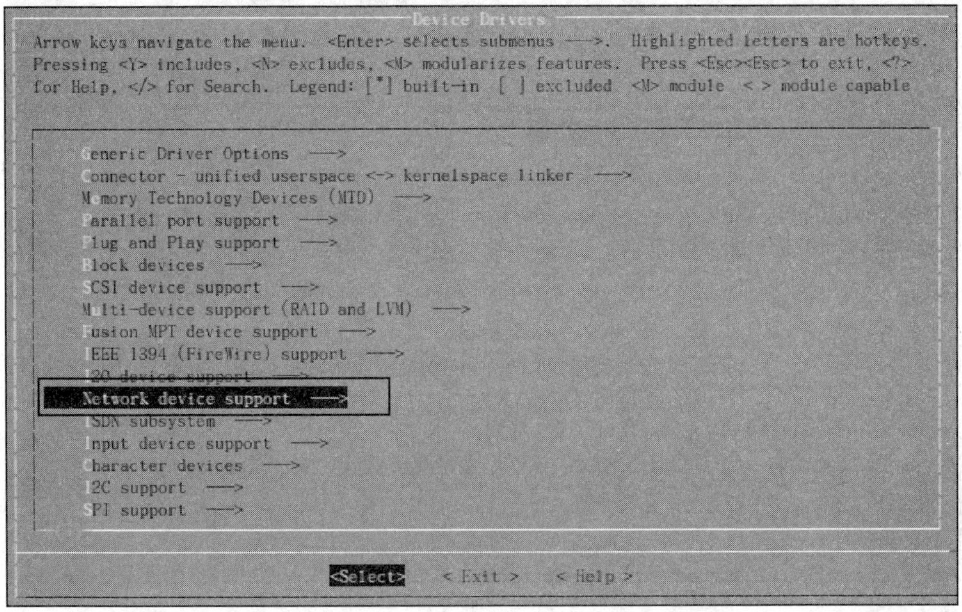

图 4.43

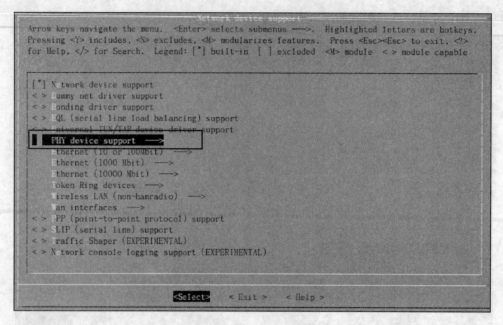

图 4.44

在 PHY device support 菜单下选取 PHY 设备的支持；

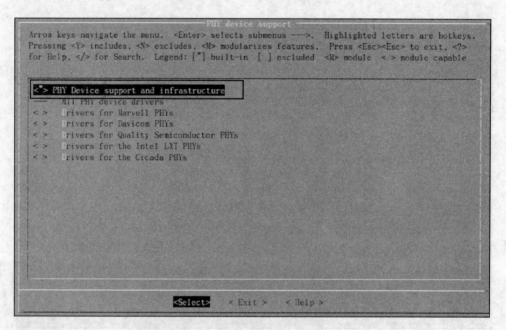

图 4.45

回到上一级菜单中，并进入 Ethernet(10 or 100Mbit)菜单，在这里选择相应网卡的支持，在这里选择 SEP4020 Ethernet 网卡的支持。

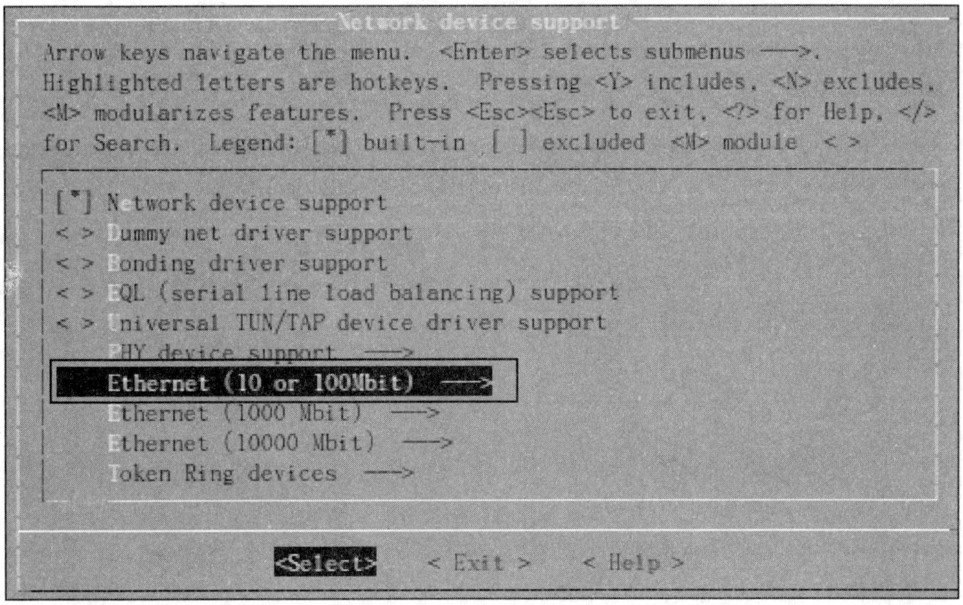

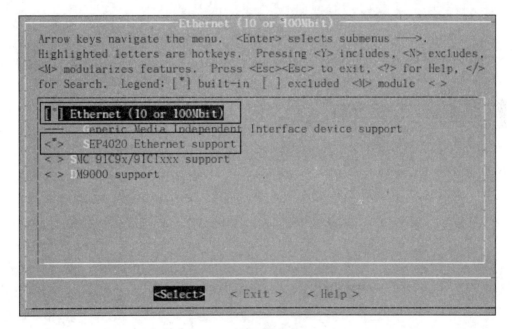

图 4.46

图 4.47

这只是选择网络硬件的支持,现在还需要选择网络协议的支持,为此还得进入主菜单中的 Networking 选项中,在这里我们要选取相应的网络协议栈的支持。

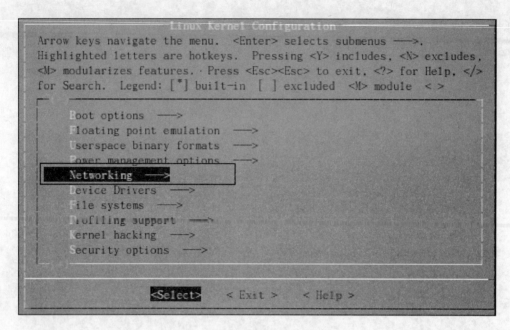

图 4. 48

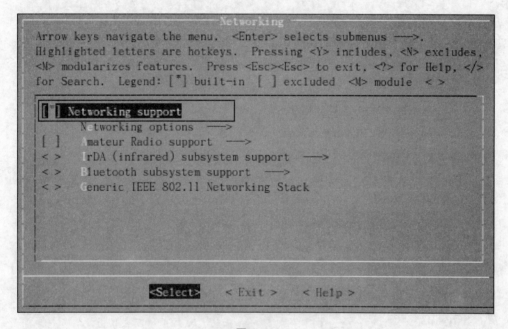

图 4. 49

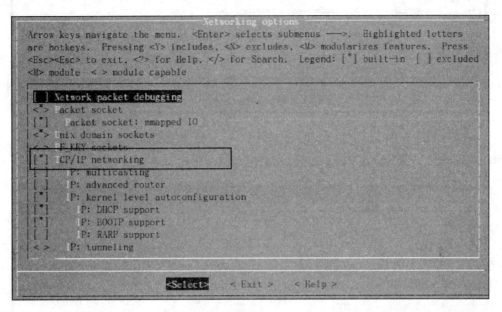

图 4.50

按照截图中的星号选上相应的选项,这样基本上就将关于网络的相应设备和协议都选到内核中去了,保存退出,并接着输入 make 命令就可以生成包含网络驱动的新的系统镜像了。

六、实验操作步骤

首先,确保电源线、网线、串口均已正确连接到开发板上,并上电。自建一个文件放到 tftp 文件夹下,如笔者的是 wenruyou. txt,打开 tftp。

U-Boot 支持 tftp 指令,启动内核并进入文件系统以后,就可以使用 tftp 命令和 pc 机之间相互传输文件。

(1) 从 PC 机传输文件到开发板

在 PC 端要打开 tftpd32 软件,开发板要正确设置 ip 地址(前面介绍过)。

内核启动后进入 nfs 网络文件系统,可以在任何目录,在此进入 tmp 目录。执行命令:

/tmp ♯ tftp-g-r wenruyou. txt　192. 168. 0. 1

就可以把 PC 机上名为 wenruyou. txt 的文件拷贝到开发板了。如图 4.51 所示:

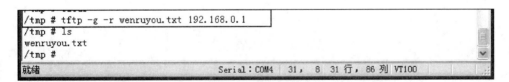

图 4.51

(2) 从开发板向 PC 端发送文件

发送文件不需要写文件系统,在任何目录都可以使用,命令如下:

♯ tftp-p-l (文件名) 192. 168. 0. 1

比如将根目录的 yihan. doc 发送到 PC 端,输入如下命令(图 4.52):

♯tftp-p-l yihan. doc 192. 168. 0. 1

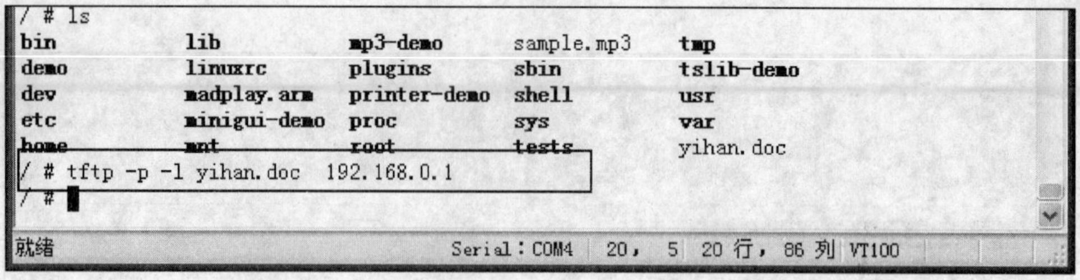

/ # ls
bin　lib　mp3-demo　sample.mp3　tmp
demo　linuxrc　plugins　sbin　tslib-demo
dev　madplay.arm　printer-demo　shell　usr
etc　minigui-demo　proc　sys　var
home　mnt　root　tests　yihan.doc
/ # tftp -p -l yihan.doc 192.168.0.1
/ #
就绪
Serial：COM4　20，5　20 行，86 列　VT100

图 4.52

yihan.doc 便发送到 pc 机中的 tftpd32 文件夹中，见图 4.53。

E:\tftpd32
文件(F)　编辑(E)　查看(V)　收藏(A)　工具(T)　帮助(H)
后退　搜索　文件夹
地址(D)　E:\tftpd32
转到
文件和文件夹任务
其它位置
详细信息
tftpd32.exe
TFTPD32.HLP
帮助文件
191 KB
vmlinuxllx.img.bak
BAK 文件
1,263 KB
vmlinux1.img.bak
BAK 文件
1,352 KB
vmlinux.img
IMG 文件
1,350 KB
wenruyou.txt
文本文档
1 KB
yihan.doc
Microsoft Office...
0 KB

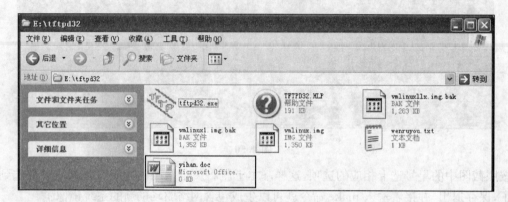

图 4.53

实验 7　MP3 播放实验

一、实验目的

1. 了解 MP3 解码器架构和主要的解码过程；
2. 结合本实验内容深入理解 MP3 解码播放系统，并掌握整个系统的工作原理和流程。

二、实验设备

硬件：UB4020EVB 开发板、交叉网线、耳机、PC 机奔腾 4 以上，硬盘 10 GB 以上；

软件：PC 机操作系统 Fedra 7.0＋Linux SDK 3.1＋AMRLINUX 开发环境。

三、实验内容

实现播放 mp3 格式的文件。

四、预备知识

1. 掌握在 Linux 集成开发环境中编写和调试程序的基本过程。
2. 掌握播放音乐的方法。

五、实验原理

1. 硬件原理图
2. MP3 解码器简介

MP3，即 ISO/IEC IS 11172-3 和 IS 13818-3 标准，全称为 MPEG1/2 Audio Layer III，由 Karlheinz Brandenburg 率领的 Fraunhofer 研究所于 1987 年开发。1989 年 MP3 算法获得专利，并于 1992 年被国际标准化组织/国际电工委员会（ISO/IEC）所属动态图像专家组（MPEG）采纳为 ISO 标准，成为 MPEG 视频压缩标准中的音频压缩标准，用于 MPEG 视频的伴音压缩。MP3 算法主要是由 ASPEC（Audio Spectral Perceptual Entropy Coding）和 OCF（Optimal Coding in the Frequency domain）算法改进发展而来的。虽然与 MP1/MP2 一样使用基于子带滤波器的结构，但 MP3 算法通过 MDCT 算法（改进的离散余弦变换，Modified Discrete Cosine Transform）处理输出结果，从而对某些滤波子带进行了一定的补偿以减少失真。另外，MP3 还采取了多种方法减少回声。首先，MP3 的心理声学模型已经得到改进，可以对产生回声的条件进行预检测；其次，MP3 算法减少了量化噪声以减轻回声的影响；此外，MP3 编码还使用较小的 MDCT 块长度来减少回声。除了对子带滤波部分进行改进外，MP3 算法还有其他方面的改进，如子带抗锯齿方案、非均匀量化方案、熵编码算法等。任何音频信号被压缩成 MP3 格式后都被打包成帧的格式，各帧（Frame）是相互独立的小块，如图 4.55 所示。每一帧包括固定的 1152 个 PCM 采样点，如果为立体声音乐的话，采样点数目会相应增加。

有的 MP3 文件的首尾会有标记块，他们是可选的字段，是为了保存一些与曲目内容有关的信息，如歌曲名称、作者、专辑、风格等等，目前一般使用 ID3 格式。

MPEG-I 标准 11172-3 中规定了标准的 MP3 帧格式，每帧可分为头信息、检错信息、音频数据和辅助数据，如图 4.56 所示。每一帧的前 4 个字节为帧的首部，由帧同步信号和其他与音乐相关的数据组成，包括位速率，采样率和立体声模式等。循环冗余校验部分（CRC）是可选的。音频数据部分包括边带数据，音乐压缩数据等。最后还包括辅助数据部分。

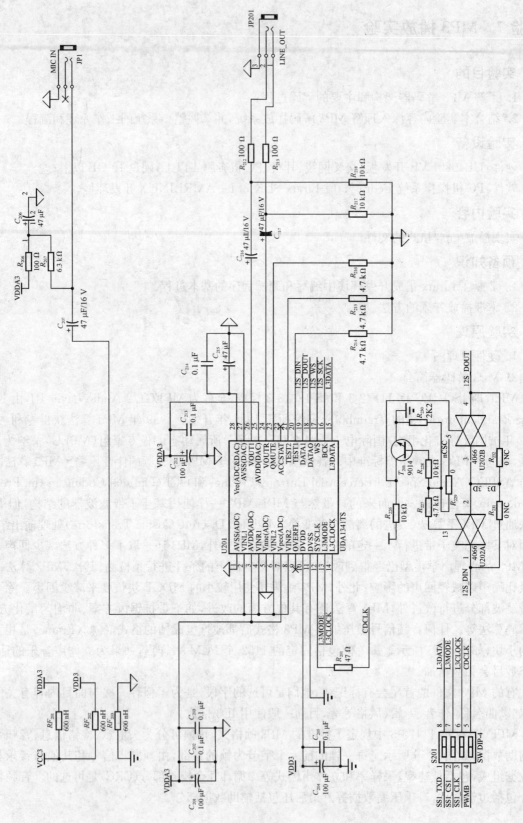

图 4.54

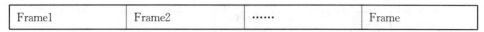

Frame1	Frame2	······	Frame

图 4.55　结构图

Header (32)	CRC (0,16)	Side Information (136,256)	Main Data; Not Necessarily Linked to This Frame	Ancillary Data

图 4.56　MP3 帧结构图

（1）头信息

头信息共 32 位,8 个字节,包含帧同步信息和一些文件的状态信息。其内部结构及各位的具体含义如表 4.8 所示:

表 4.8　MP3 帧头信息结构

字段名	位数	含义
Sync	12	全 1,用于帧同步
IDex:ID	2	11:MPEG-1;10:MPEG-2;01:Reserved;00:MPEG2.5
Layer	2	00:未定义;01:Layer3;10:Layer2;11:Layer1
Protection-bit	1	0:帧中包含检错数据
Bitrate	4	表示编码数据的比特率
Frequency	2	表示采样频率
Padding	1	1:表示要加大文件头的存储容量以调整编码的平均比特率;0:不要
Pribate	1	保留
Mode	2	00:立体声双声道;01:联合立体声;10:双声道;11:单声道
Mode Extension	2	联合立体声中模式选择
Copyright	1	0:此 MP3 文件有版权;1:无版权
Original/Copy	1	0:此文件为拷贝文件;1:此文件为原版
Emphasis	2	表示去加重的方法 00:没有;01:50/15 毫秒;10:保留;11:CCITTJ.17

（2）检错信息

检错信息共 16 位,检错采用 16 位循环校验。当头信息中的 Protection-bit 为 0 时,编码流中将加入这 16 位校验信息。如果解码时检测出错误,则停止该帧的播放,静音一帧,或重复播放前一帧,以跳过错误帧。

（3）音频数据

音频数据是 MP3 帧的主要部分,可以划分为边带信息(Side Information)和主数据(MainData)两部分。边带信息用于对音频数据作进一步的说明。主数据部分包括比例因子、霍夫曼码等所有关于原始音频信号的信息,是恢复听觉信号的关键部分。

（4）辅助信息

包含编码中的辅助信息和一些用户自定义的数据。MP3 解码器结构如图 4.57 所示,在输入端首先将编码后的位流进行帧分解,即将 MPEG 位流分解成一帧帧独立的数据流。对每一个 MPEG 格式,每秒有固定数目的帧。也就是说,对给定的码率和采样频率,每输入一帧都有固定的长度,并且输出样本的数目也是固定的。其次,进行采样颗粒的重组,然后利用 MP3 解码过程中的子带滤波功能,完成音乐数据在频域到时域的最终转换。

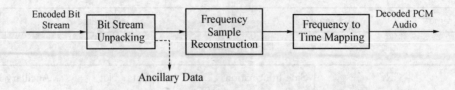

图 4.57　解码器结构框图

　　总而言之,MP3 是一种压缩比例高、性价比优秀的算法,达到了算法复杂性、解码速度和系统成本之间的平衡。MP3 压缩编码算法可以根据实际应用的需要使用不同的数据流量,从而提供不同的数据率和声音质量。对于大多数场合而言,MP3 算法可以只使用较小的数据量还原出质量较高的数字音频信号,非常适合于数字音乐的压缩。

　　3. MP3 主要解码过程

　　MP3 解码算法流程如图 4.58 所示,其主要过程包括:帧同步和边带信息解码、Huffman 解压缩、反量化、立体声解码、反锯齿、IMDCT 和子带合成运算等。其中反量化、IMDCT 和子带合成等三个过程在 MP3 解码过程中占用了最多的 CPU 和内存资源,因而对于嵌入式系统来说这几个过程属于关键过程,需要进行重点研究以得出改进和优化方案,以提高 MP3 的解码速度。

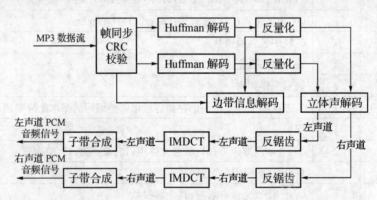

图 4.58　MP3 解码流程图

　　在这个过程中,首先 MP3 格式的码流通过数据流解包得到每帧的同步字和头信息。并通过对起始位置信息的解析获得实际一帧的音频数据,另外还可以通过分析头标获得相应的解码信息,同时分离边带信息和主数据。边带信息数据通过解码可以得到霍夫曼解码信息和反量化信息,主数据就可以根据霍夫曼解码信息解码出量化前的数据,量化前数据结合反量化信息就可以得到频域的数据流。结合帧的立体声信息,对反量化结果进行立体声处理后,再经过变换域的计算,通过混叠处理、IMDCT、子带合成就可以得到原始音频信号,即 PCM 码。各部分功能的实现函数如图 4.59 所示:

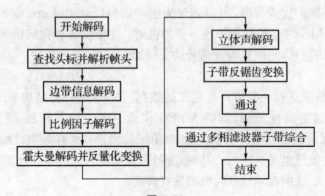

图 4.59

下面我们简单来说明一下解码过程：

帧同步和 CRC 校验：

帧首部包含帧同步字（12 位全 1）用于软件对帧进行定位。帧首部还包括位速率（bitrate）和采样率（sample frequency）等信息，用于计算帧数据长度和进行本帧数据的解码操作。帧首部的保护（protect）位要求对帧数据进行可选的 CRC（循环冗余校验，CyclicRedundantCheck）校验和检查以确保这一帧数据的有效性。帧首部数据长度固定为 4 字节。

边带信息解码：

MP3 帧的边带信息部分包含对 MP3 音乐数据进行解码所需要的信息，如 Huffman 编码表选择字、缩放因子（Scale Factors）、反量化系数和窗选择字等。这部分编码数据在单声道 MP3 中占 17 字节，在双声道 MP3 中占 32 字节。

Huffman 解压缩：

MP3 算法中使用可变长 Huffman 压缩算法对最终输出的每颗粒 576 个编码数据进行熵压缩以进一步提高压缩率。MP3 算法假设 576 个编码数据中较大的数值分布在较低的频率上，而较小的数值和零值则分布在较高的频率上。在解码过程中，MP3 算法根据帧边带信息中的数据分别使用 36 个不同的 Huffman 压缩编码表进行解压缩。

反量化：

MP3 算法使用非均匀量化方案，因此在解码时需要将 Huffman 解码得出的数据还原成原始数据以便进行随后的滤波操作。MP3 的反量化过程还受到全局增益和子带局部增益的影响，而缩放因子和预处理标志也将对计算结果进行调整。立体声解码 MP3 音乐支持单声道（Monophonic）、立体声（Stereo）和联合立体声（Joint-stereo）等三种模式，同时还可以支持将立体声音乐的两个声道强制混合成单声道。MP3 支持的联合立体声模式包括 MS 立体声模式（MS Stereo）和 i-立体声模式。MP3 算法根据帧首部的立体声模式（mode）标志和扩展模式（mode_extension）标志进行解码。

在 MS 立体声模式下，左右两个原来独立的声道被分别变换成两个声道的和（Mid）和差（Side）。MS 立体声模式在音乐的两个声道之间关联性强、相似度较高的情况下非常适用，此时分别对两声道的和与差进行压缩比分别对两个独立声道进行压缩的效率更高。对 MS 立体声进行解码时，由于 MS 立体声解码算法中没有涉及到乘法运算，因而在定点算法中没有精度的损失。

在 i-立体声模式下，MP3 音乐并不直接传送两个独立的左右声道，而是将其中两个声道的高音频带合并为一个声道信息并通过左声道传送，而右声道则传送音乐的左右均衡信息。MP3 解码时，左右声道可以从 i-立体声编码中还原出来。在这种立体声模式下，左右两个声道的频谱完全相同，只是在各个频率分量的大小上有所不同。

子带反锯齿：

反锯齿过程在 MP3 解码过程中主要用于减少编码过程的子带滤波器产生的锯齿效应。在编码时因为不同子带分别进行滤波运算，从而导致在子带的边界处产生间断和不连续现象。反锯齿运算将平滑子带边界，减少子带间断点。反锯齿运算只应用于长窗类型的数据块。

MP3 算法中引入子带反锯齿方法用于减少 DCT 变换中由滤波子带重叠而产生的干扰。反锯齿运算需要对每一个子带分界点进行 8 次所谓蝶形运算。每一个蝶形运算包括四次乘法和两次加/减法，由于上一步的运算结果并不参与下一步运算，因此没有误差传递效应，造成的精度损失不大。

IMDCT 变换：

MP3 解码算法中使用 IMDCT（反向修正离散 Fourier 变换）将输入数据从频域变换到余弦域，

对子带滤波进行补偿运算,其中在长窗类型的帧中 n 取 36,在短窗类型的帧中 n 取 12。

由于 DCT 变换占用了大量的 CPU 时间,所以 DCT 变换成为 MP3 解码过程的主要的性能瓶颈之一。除了将原来的浮点运算改进为定点运算以外,定点算法对 DCT 变换的主要改进是用余弦查找表来代替实际的 cos( )函数运算,加快长窗下的 COS36 和短窗下 COS12 的变换速度。由于 DCT 变换使用了较多的定点乘法,因而对运算精度和输出音质也有较大影响。

子带合成:

这个过程与 IMDCT 变换一起完成了 MP3 解码过程中的子带滤波器功能,同时完成了音乐数据在频域和时域之间的最终转换。子带合成是 MP3 解码过程中最耗 CPU 的部分,对系统解码速度的影响最大,因此提高这部分的运算速度和执行效率是达到 MP3 解码实时性的关键。

4. 基于 SEP4020 芯片的 MP3 解码

SEP4020 是一款适用于嵌入式工控、交互式终端的芯片,具有与其他设备进行通信的能力,并且能够流畅的实时播放 MP3 音乐。在以 SEP4020 微处理器为主处理器芯片的嵌入式系统中,MP3 子系统由软件和硬件两部分组成:由软件完成主要的解码过程;由硬件完成较大的欠量乘加运算。硬件部分包括 MMA(Multimedia Accelerator,多媒体硬件加速器);软件解码部分包括帧首部处理,HUFFMAN 解码,反量化计算,立体声解码,IMDCT 变换和子带合成。

UB4020EVB 开发板选用 NXP 公司的 UDA1341S 作为串行音频接口的 CODEC 电路。可进行录音、放音处理,提供音频输出和录音输入通道。

5. MP3 文件格式

整个 MP3 文件结构:

MP3 文件大体分为三部分:TAG_V2(ID3V2),Frame, TAG_V1(ID3V1),如表 4.9 所示:

表 4.9　MP3 文件组成

ID3V2	包含了作者,作曲,专辑等信息,长度不固定,扩展了 ID3V1 的信息量。
Frame . . Frame	一系列的帧,个数由文件大小和帧长决定
	每个 FRAME 的长度可能不固定,也可能固定,由位率 bitrate 决定
	每个 FRAME 又分为帧头和数据实体两部分
	帧头记录了 mp3 的位率,采样率,版本等信息,每个帧之间相互独立
ID3V1	包含了作者、作曲、专辑等信息,长度为 128 Byte

MP3 的 FRAME 格式:

每个 FRAME 都有一个帧头 FRAMEHEADER,长度是 4 Byte(32bit),帧头后面可能有两个字节的 CRC 校验,这两个字节的是否存在决定于 FRAMEHEADER 信息的第 16 bit,为 0 则帧头后面无校验,为 1 则有校验,校验值长度为 2 个字节,紧跟在 FRAMEHEADER 后面,接着就是帧的实体数据了,格式如表 4.10 所示:

表 4.10　FRAME 的格式

FRAMEHEADER	CRC(free)	MAIN_DATA
4 Byte	0 OR 2 Byte	长度由帧头计算得出

1) 帧头 FRAMEHEADER 格式如下:

AAAAAAAA AAABBCCD EEEEFFGH IIJJKLMM

2) MAIN_DATA：

MAIN_DATA 部分长度是否变化决定于 FRAMEHEADER 的 bitrate 是否变化,一首 MP3 歌曲,它有三个版本：96 Kbps(96 千比特位每秒)、128 Kbps 和 192 Kbps。Kbps(比特位速率),表明了音乐每秒的数据量,Kbps 值越高,音质越好,文件也越大,MP3 标准规定,不变的 bitrate 的 MP3 文件称作 CBR,大多数 MP3 文件都是 CBR 的,而 bitrate 变化的 MP3 文件称作 VBR,每个 FRAME 的长度都可能是变化的。下面是 CBR 和 VBR 的不同点：

(1) **CBR**：固定位率的 FRAME 的大小也是固定的(公式如上所述),只要知道文件总长度,和帧长即可由播放每帧需 26 ms 计算得出 MP3 播放的总时间,也可通过计数帧的个数控制快进、快退慢放等操作。

(2) **VBR**：VBR 是 XING 公司推出的算法,所以在 MP3 的 FRAME 里会有"XING"这个关键字(现在很多流行的小软件也可以进行 VBR 压缩,它们是否遵守这个约定,那就不得而知了),它存放在 MP3 文件中的第一个有效 FRAME 里,它标识了这个 MP3 文件是 VBR 的。同时第一个 FRAME 里存放了 MP3 文件的 FRAME 的总个数,这就很容易获得了播放总时间,同时还有 100 个字节存放了播放总时间的 100 个时间分段的 FRAME 的 INDEX,假设 4 分钟的 MP3 歌曲,240 s,分成 100 段,每两个相邻 INDEX 的时间差就是 2.4 s,所以通过这个 INDEX,只要前后处理少数的 FRAME,就能快速找出我们需要快进的 FRAME 头。

ID3V1：

ID3V1 比较简单,它是存放在 MP3 文件的末尾,用 16 进制的编辑器打开一个 MP3 文件,查看其末尾的 128 个顺序存放字节,数据结构定义如下：

```
typedef struct tagID3V1
{
char Header[3];        /* 标签头必须是"TAG"否则认为没有标签 */
char Title[30];        /* 标题 */
char Artist[30];       /* 作者 */
char Album[30];        /* 专集 */
char Year[4];          /* 出品年代 */
char Comment[28];      /* 备注 */
char reserve;          /* 保留 */
char track;            /* 音轨 */
char Genre;            /* 类型 */
}ID3V1, * pID3V1；
```

ID3V1 的各项信息都是顺序存放,没有任何标识将其分开,比如标题信息不足 30 个字节,则使用'\0'补足,否则将造成信息错误。Genre 使用原码表示,请查看相应对照表。

6. 驱动源码文件位置

/linux/sound/oss/sep4020-uda1341.c

六、内核编译相关选项

(图 4.60～图 4.63)

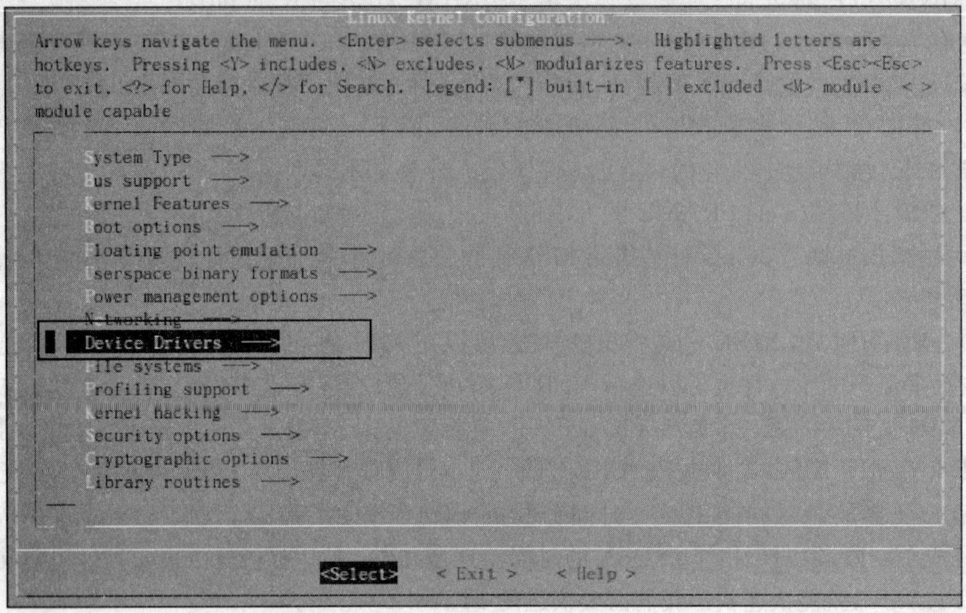

图 4.60

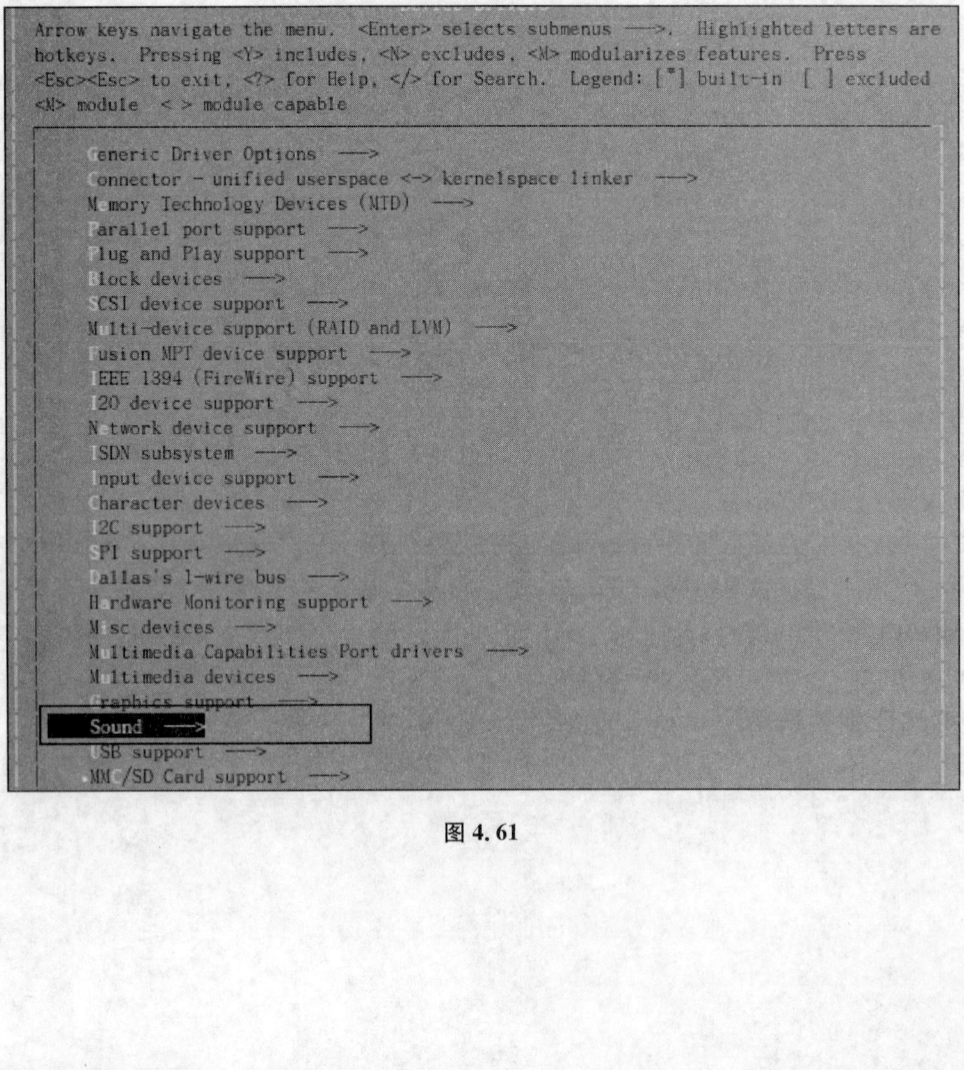

图 4.61

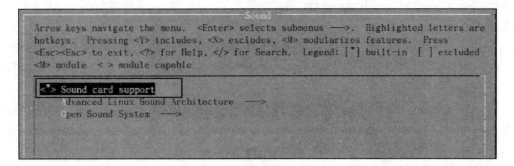

图 4.62

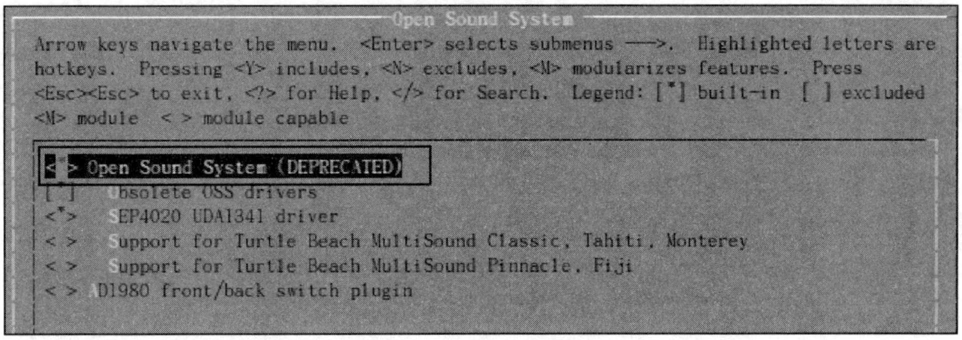

图 4.63

七、实验步骤

1. 请务必确认开发板上 S1 的第四个开关拨到 ON，并将耳机接到 LINE_out 插孔。

2. 将 mp3 文件拷到/tmp 目录再进行播放，在 Nand 中直接播放会导致音乐不连贯。

3. 为了获得最佳的播放效果，建议使用 88 MHz 主频。

实际操作演示：

/ # cd demo/mp3-demo/

/demo/mp3-demo # ls

madplay. arm   sample. mp3

/demo/mp3-demo # ./madplay. arm /tmp/1. mp3

MPEG Audio Decoder 0. 13. 0 (beta)-Copyright (C) 2000-2001 Robert Leslie

Title：funky   Artist：dj

Album：   Genre：Other

Year：   Comment：

ID3：version 2. 3. 0，flags 0x00，size 246 bytes

Title/Songname/Content description：funky

ID3：unhandled PRIV (Private frame)：flags 0x0000，39 bytes

ID3：unhandled PRIV (Private frame)：flags 0x0000，41 bytes

Content type：Other

ID3：unhandled PRIV (Private frame)：flags 0x0000，14 bytes

ID3：unhandled PRIV (Private frame)：flags 0x0000，17 bytes

Lead performer(s)/Soloist(s)：dj

error：frame 0：lost synchronization

注意：

1. 要中止程序的运行，可以在终端控制台下同时按下 Ctrl＋C，注意：先按 Ctrl，不要放开，再按下 C 键即可。例如：我们刚刚使用 madplay 命令播放了 mp3，如果要中止这个程序的运行，可以按下 Ctrl＋C 键。

2. 控制台启动一个程序，您可以用在程序后加 &，实现程序在后台运行；例如刚刚播放 mp3 的命令：. /madplay. arm /tmp/sample. mp3& 再敲回车会发现可以继续运行其他程序。另外，如果程序是在后台运行，可以使用 kill 命令杀掉该进程。

实验 8　USB Device 实验

一、实验目的

1. 了解 USB Device 驱动的结构及其原理;
2. 实现 USB Device 虚拟 U 盘的文件拷贝等。

二、实验设备

硬件:UB4020EVB 开发板、交叉网线、USB 延长线,PC 机奔腾 4 以上,硬盘 10 GB 以上;

软件:PC 机操作系统 Fedra 7.0+Linux SDK 3.1+AMRLINUX 开发环境。

三、实验内容

1. 理解 USB Device 驱动的原理、功能、处理过程等。
2. 实现 USB Device 虚拟 U 盘的使用。

四、预备知识

1. 了解 USB Device 的原理。
2. 熟悉内核模块的编译及应用。

五、实验原理

USB 是英文 Universal Serial Bus 的缩写,意为通用串行总线。USB 最初是为了替代许多不同的低速总线(包括并行、串行和键盘连接)而设计的,它以单一类型的总线连接各种不同的类型的设备。USB 的发展已经超越了这些低速的连接方式,它现在可以支持几乎所有可以连接到 PC 上的设备。最新的 USB 规范定义了理论上高达 480 Mbps 的高速连接。Linux 内核支持两种主要类型的 USB 驱动程序:宿主系统上的驱动程序和设备上的驱动程序,从宿主的观点来看(一个普通的宿主也就是一个 PC 机),宿主系统的 USB 设备驱动程序控制插入其中的 USB 设备,而 USB 设备的驱动程序控制该设备如何作为一个 USB 设备和主机通信。

1. USB 的具体构成

在动手写 USB 驱动程序这前,让我们先看看写的 USB 驱动程序在内核中的结构,如下图 4.64:

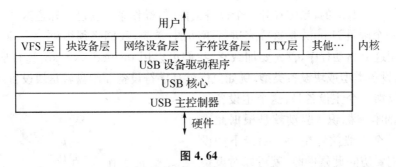

图 4.64

USB 驱动程序存在于不同的内核子系统和 USB 硬件控制器之间,USB 核心为 USB 驱动程序提供了一个用于访问和控制 USB 硬件的接口,而不必考虑系统当前存在的各种不同类型的 USB 硬件控制器。USB 是一个非常复杂的设备,Linux 内核为我们提供了一个称为 USB 的核心的子系统来处理大部分的复杂性,USB 设备包括配置(configuration)、接口(interface)和端点(endpoint),USB 设备绑定到接口上,而不是整个 USB 设备。如图 4.65 所示:

　　USB 通信最基本的形式是通过端点（USB 端点分中断、批量、等时、控制四种，每种用途不同），USB 端点只能往一个方向传送数据，从主机到设备或者从设备到主机，端点可以看作是单向的管道（pipe）。所以我们可以这样认为：设备通常具有一个或者更多的配置，配置经常具有一个或者更多的接口，接口通常具有一个或者更多的设置，接口没有或具有一个以上的端点。驱动程序把驱动程序对象注册到 USB 子系统中，稍后再使用制造商和设备标识来判断是否已经安装了硬件。USB 核心使用一个列表（是一个包含制造商 ID 和设备号 ID 的一个结构体）来判断对于一个设备该使用哪一个驱动程序，热插拔脚本使用它来确定当一个特定的设备插入到系统时该自动装载哪一个驱动程序。

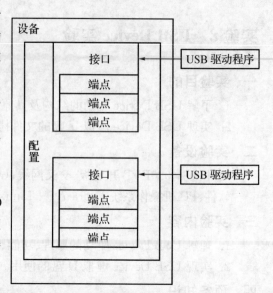

图 4.65

　　上面我们简要说明了驱动程序的基本理论，在写一个设备驱动程序之前，我们还要了解以下两个概念：模块和设备文件。

　　模块：是在内核空间运行的程序，实际上是一种目标对象文件，没有链接，不能独立运行，但是可以装载到系统中作为内核的一部分运行，从而可以动态扩充内核的功能。模块最主要的用处就是用来实现设备驱动程序。Linux 下对于一个硬件的驱动，可以有两种方式：直接加载到内核代码中，启动内核时就会驱动此硬件设备。另一种就是以模块方式，编译生成一个.ko 文件（在 2.4 以下内核中是用.o 作模块文件，我们以 2.6 的内核为准，以下同）。当应用程序需要时再加载到内核空间运行。所以我们所说的一个硬件的驱动程序，通常指的就是一个驱动模块。

　　设备文件：对于一个设备，它可以在/dev 下面存在一个对应的逻辑设备节点，这个节点以文件的形式存在，但它不是普通意义上的文件，它是设备文件，更确切地说，它是设备节点。这个节点是通过 mknod 命令建立的，其中指定了主设备号和次设备号。主设备号表明了某一类设备，一般对应着确定的驱动程序；次设备号一般是区分不同属性，例如不同的使用方法，不同的位置，不同的操作。这个设备号是从/proc/devices 文件中获得的，所以一般是先有驱动程序在内核中，才有设备节点在目录中。这个设备号（特指主设备号）的主要作用，就是声明设备所使用的驱动程序。驱动程序和设备号是一一对应的，当你打开一个设备文件时，操作系统就已经知道这个设备所对应的驱动程序。对于一个硬件，Linux 是这样来进行驱动的：首先，我们必须提供一个.ko 的驱动模块文件。我们要使用这个驱动程序，首先要加载它，我们可以用 insmod xxx.ko，这样驱动就会根据自己的类型（字符设备类型或块设备类型，例如鼠标就是字符设备而硬盘就是块设备）向系统注册，注册成功系统会反馈一个主设备号，这个主设备号就是系统对它的唯一标识。驱动就是根据此主设备号来创建一个一般放置在/dev 目录下的设备文件。在我们要访问此硬件时，就可以对设备文件通过 open、read、write、close 等命令进行。而驱动就会接收到相应的 read、write 操作而根据自己的模块中的相应函数进行操作了。

　　SEP4020 芯片自带的 Device。

　　2. 硬件原理图（图 4.66）

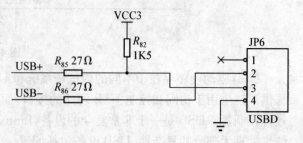

图 4.66　USB

3. 驱动源码位置

/linux/drivers/usb/gadget/sep4020_udc. c

/linux/drivers/usb/gadget/sep4020_udc. h

六、内核编译相关选项

（图 4.67～图 4.69）

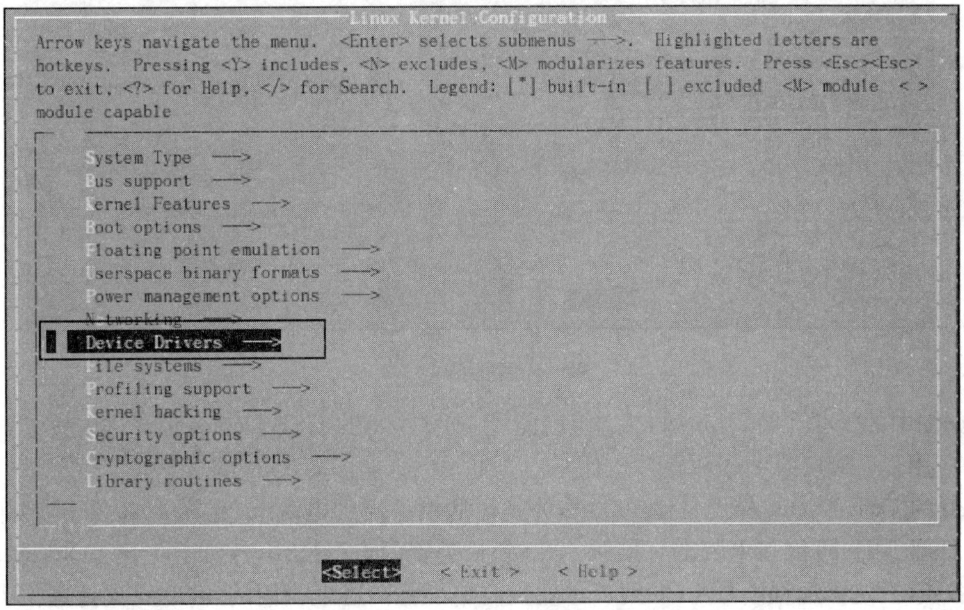

图 4.67

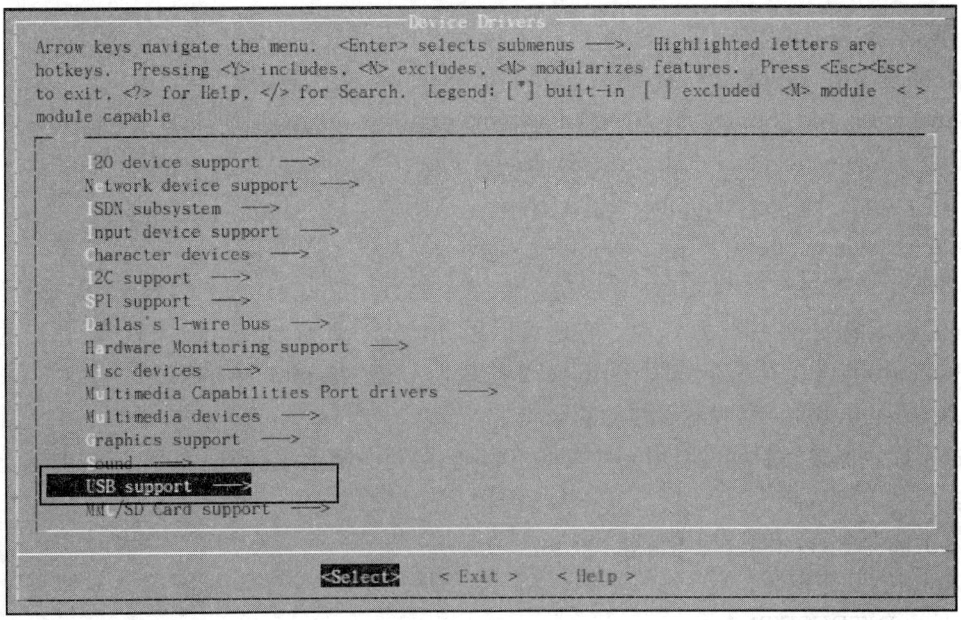

图 4.68

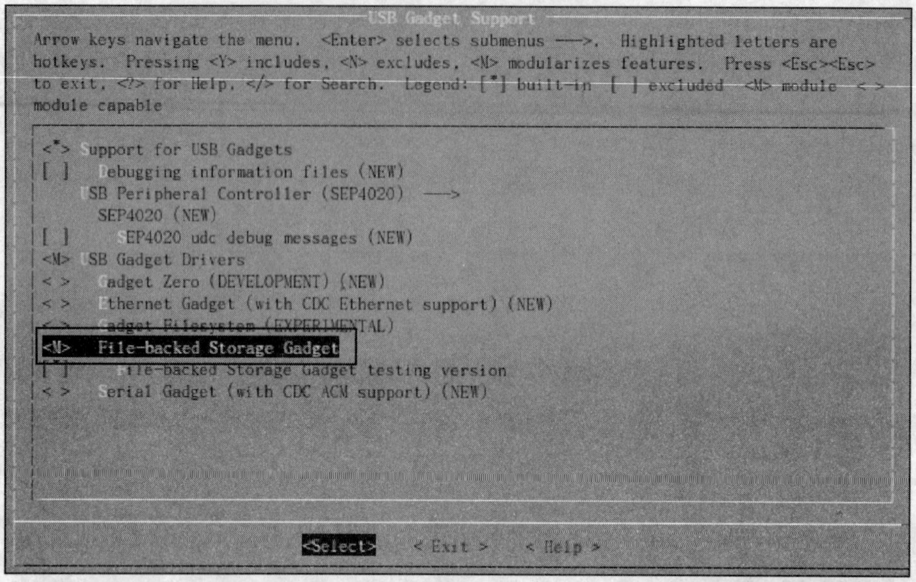

图 4. 69

把如图中的"＊"和"M"相应的都选上就能将 4020 本身的 USB Device 编译进内核了。

5. 应用程序接口

4020 的 USB Device 作用是让 4020 作为一个从设备连到电脑上，这样 4020 可以把自己虚拟成一个 U 盘，用户可以在电脑上直接对 4020 到相关资源进行操作，比如 SD 卡、SDRAM、NAND 等块设备资源，这样远程读写 4020 到资源就很简单了。在这里我们的 4020 只支持虚拟 U 盘，不支持虚拟网卡等设备。使用虚拟 U 盘的方法见用户手册。在这里我们将内存的 ram0 区的 195 MB 空间虚拟成 U 盘为例来说明下 USB Device 的使用。

七、实验步骤

1. 在系统上电，Linux 启动后，加载 g_file_storage. ko 这个块模块。

/ #insmod g_file_storage. ko file＝/dev/ram0 stall＝0 removable＝1

g_file_storage gadget：File-backed Storage Gadget，version：28 November 2005

g_file_storage gadget：Number of LUNs＝1

g_file_storage gadget-lun0：ro＝0，file：/dev/ram0

其中：

ram0：表示把 ram0 挂载为 U 盘。它还可以用 mtdblock2 和 mmcblk0 来代替，它们的含意分别为：把 Nand Flash 的第三个分区 mtdblock2 挂载为 U 盘、把 mmc 卡的第一个分区 mmcblk0 挂载为 U 盘。removable＝1：表示可移动的介质。

等这个模块加载好后就可以用 usb 线将 4020 连接到电脑上了，当把 4020 连到电脑上会报以下信息：

输入上面命令后，出现如下信息：

Go into INTRESET!

Go into INTRESET!

0. 06 USB：EP0OUTSTAT 2，transtat is 0x0000000b

0. 07 USB：bRequestType＝128 bRequest＝6 wLength＝64

0. 08 USB：going into ep0 equeue!

0. 09 USB：EP0OUTSTAT a，transtat is 0x00000009

0. 10 USB：EP0_IN_DATA_PHASE … what now?

Go into INTRESET!

0. 11 USB：EP0OUTSTAT 2，transtat is 0x00000003

0. 12 USB：bRequestType＝255 bRequest＝255 wLength＝64

0. 13 USB：Operation not supported

0. 14 USB：EP0OUTSTAT 2，transtat is 0x0000000b

0. 15 USB：bRequestType＝255 bRequest＝255 wLength＝0

0. 16 USB：Operation not supported

0. 17 USB：EP0OUTSTAT 2，transtat is 0x0000000b

0. 18 USB：bRequestType＝128 bRequest＝6 wLength＝18

0. 19 USB：going into ep0 equeue!

0. 20 USB：EP0OUTSTAT a，transtat is 0x00000009

0. 21 USB：EP0_IN_DATA_PHASE … what now?

0. 22 USB：EP0OUTSTAT a，transtat is 0x0000000b

0. 23 USB：EP0_IN_DATA_PHASE … what now?

0. 24 USB：EP0OUTSTAT a，transtat is 0x00000009

0. 25 USB：EP0_IN_DATA_PHASE … what now?

……中间略

IRQ LOCK：IRQ15 is locking the system，disabled

0. 295 USB：ep1-bulk not enabled

0. 296 USB：ep2-bulk not enabled

4020endpoint enable0. 297 USB：enable ep1-bulk(1) ep81in-blk max 40

4020endpoint enable0. 298 USB：enable ep2-bulk(2) ep2out-blk max 40

g_file_storage gadget：full speed config ＃1

0. 299 USB：going into ep0 equeue!

ENTER ep2 wait for USBD_RECEIVETYPE_V

2. 这时在上位机电脑的根目录下我们就能见到多了一个"可移动磁盘(H：)"，如图 4.70 所示,这样就说明已经成功将 4020 虚拟成 U 盘了。

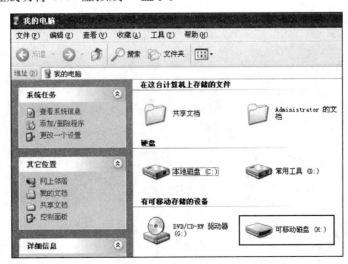

图 4.70

3. 将其格式化为"FAT"(如图 4.70 所示)格式后,就可以像用一般的 U 盘一样使用了。

注意:这里 device 是指集成在 SEP4020 微处理器上的 USB Device 控制器,区别于 EVB 1.5 以上的开发板添加的 Epson 的 72v17usb 芯片。

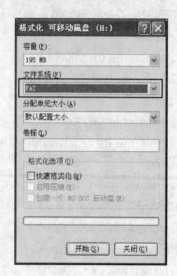

图 4.71

实验 9　触摸屏实验

一、实验目的

1. 了解在 UB4020EVB 平台上实现触摸屏 Linux 驱动程序的基本原理；
2. 了解 Linux 驱动开发的基本过程。

二、实验内容

以一个简单字符设备驱动程序为原型，剖析其基本结构。进行部分改写之后并编译实现其相应功能。

三、预备知识

1. 掌握在 Linux 集成开发环境中编写和调试程序的基本过程；
2. 了解 SEP4020 的基本结构；
3. 了解 Linux 内核中关于设备控制的基本原理。

四、实验设备

硬件：UB4020EVB 开发板、触摸屏、交叉网线、PC 机奔腾 4 以上，盘 10 GB 以上；

软件：PC 机操作系统 Fedra 7.0＋Linux SDK 3.1＋AMRLINUX 开发环境。

五、实验原理

1. Linux 设备驱动概述

Linux 设备驱动程序属于 Linux 内核的一部分，并在 Linux 内核中扮演着十分重要的角色。它们像一个个"黑盒子"使某个特定的硬件响应一个定义良好的内部编程接口，同时完全隐蔽了设备的工作细节。用户通过一组标准化的调用来完成相关操作，这些标准化的调用是和具体设备驱动无关的，而驱动程序的任务就是把这些调用映射到具体设备对应于实际硬件的特定操作上。

我们可以把设备驱动作为内核的一部分，直接编译到内核中，即静态编译，也可以单独作为一个模块（module）编译，在需要它的时候再动态的把它插入到内核中。在不需要时也可把它从内核中删除，即动态连接。显然动态连接比静态连接有更多的好处，但在嵌入式开发领域往往要求进行静态连接。

目前 Linux 支持的设备驱动可分为三种：字符设备（character device），块设备（block device），网络接口设备（network interface）。当然它们之间也并不是要严格的加以区分。

字符设备：所有能够像字节流一样访问的设备比如文件等在 Linux 中都通过字符设备驱动程序来实现。在 Linux 中它们也被映射为文件系统的一个节点，常在/dev 目录下。字符设备驱动程序一般要包含 open，close，read，write 等几个系统调用。

块设备：Linux 的块设备通常是指诸如磁盘、内存、Flash 等可以容纳文件系统的存储设备。与字符设备类似，块设备也是通过文件系统来进行访问，它们之间的区别仅仅在于内核内部管理数据的方式不同。它也允许像字符设备一样的访问，可以一次传递任意多的字节。Linux 中的块设备包含整数个块，每个块包含 2 的几次幂的字节。

网络接口设备：网络接口设备是 Linux 中比较复杂的一种设备，通常它们指的是硬件设备，但有时也可以是一个软件设备（如回环接口 loopback）。它们由内核中网络子系统驱动，负责发送和接收数据包，而且它并不需要了解每一项事务是如何映射到实际传送的数据包的。它们的数据传送往往并不是面向流的（少数如 telnet，FTP 等是面向流的），所以不容易把它们映射到一个文件系统的节点上。在 Linux 中采用给网络接口设备分配一个唯一名字的方法来访问该设备。

由于设备驱动是沟通底层硬件与上层应用程序的桥梁,它所涉及的内容相当多。要编写一个完整的驱动程序,要求你不仅对硬件设备及其工作原理要相当熟悉,同时你必须具备一定的内核结构的知识,此外对上层应用程序及开发语言也具有比较过硬的开发能力。正是因为驱动程序自身的复杂以及有较广的牵涉面,所以我们不能期望通过一个简单的实验来达到多大的目的。在具体应用开发中会遇到很多问题,这要求读者在各方面知识都有积累之后在具体实践中去解决。我们这里将以一个简单的字符设备驱动(应用于 UB4020EVB 上的触摸屏驱动)来讲解一下 Linux 驱动开发的整个流程,同时让读者了解 Linux 驱动的一些相关原理。

本实验的目的并不在于让读者重新开发一个实际可用的驱动,因为作为一个单独的实验来说这不是很实际。我们的目的只是让读者对 Linux 驱动程序的开发有一个整体的了解。

2. Linux 字符设备的管理

驱动程序在 Linux 内核中往往是以模块形式出现的。与应用程序的执行过程不同,模块通常只是预先向内核注册自己,当内核需要时响应请求。模块中包含两个重要的函数:init_module 和 cleanup_module。前者是模块的入口,它为模块调用做好准备工作,而后者则是在模块即将卸载时被调用,做一些清扫工作。

驱动程序模块通过函数:

int register_chrdev(unsigned int major, const char * name, struct file_operations * fops);来完成向内核注册的。其中 unsigned int major 为主设备号,const char * name 为设备名,至于结构指针 struct file_operations * fops,它在驱动程序中十分重要,我们下还要做详细介绍。

在 Linux 中字符设备是通过文件系统中的设备名来进行访问的。这些名称通常放在/dev 目录下,通过命令 ls-l /dev 我们可以看到该目录下的一大堆设备文件,其中第一个字母是“C”的为字符设备,而第一个字母是“b”的为块设备文件。其中每个设备文件都具有一个主设备号(major)和一个次设备号(minor)。当驱动程序调用 open 系统调用时,内核就是利用主设备号把该驱动与具体设备对应起来的。而次设备号内核并不关心,它是给主设备号已经确定的驱动程序使用的,一个驱动程序往往可以控制多个设备,如一个硬盘的多个分区,这时该硬盘拥有一个主设备号,而每个分区拥有自己的次设备号。2.0 以前版本的内核支持 128 个主设备号,在 2.6 版内核中已经增加到 4096 个。在我们编写好一个驱动程序模块后,按传统的主次设备号的方法来进行设备管理,则我们应手工为该模块建立一个设备节点。命令:

mknod /dev/ts c 254 0

其中/dev/ts 表示我们的设备名是 ts,“C”说明它是字符设备,“254”是主设备号,“0”是次设备号。一旦通过 mknod 创建了设备文件,它就一直保留下来,除非我们手工删除它。这里要注意的是,在 Linux 内核中有许多设备号已经静态的赋予一些常用设备,剩余给我们用的设备号已经不多。如果我们的设备也随意找一个空闲的设备号,并进行静态编译的话,当其他的开发者也采用类似手段分配设备号,那很快就会造成混乱。如何解决这个问题呢,比较好的方法就是采用动态分配的方法。在我们用 register_chrdev 注册模块时,给 major 赋值为 0,则系统就采用动态方式分配设备号。它会在所有未被使用的设备号中为我们选定一个,作为函数返回值返回给我们。一旦分配了设备号,我们就可以在/proc/devices 中看到相关内容。/proc 在前面关于操作系统移植的实验中我们已经提到,它是一个伪文件系统,它实际并不占用任何硬盘空间,而是在内核运行时在内存中动态生成的。它可以显示当前运行系统的许多相关信息。显然这一点对我们动态分配主设备号是非常有意义的。因为,正如我们前面提到的一样,我们采用主次设备号的方式管理设备文件,我们要在/dev 目录下为我们的设备创建一个设备名,可我们的设备号却是动态产生的,每次都不一样,这样我们就不得不每次都重新运行一次 mknod 命令。这个过程我们通常通过编写自动执行脚本来完成,而其中的主设备号我们就可以通过/proc/devices 获得。当设备模块被卸载时我们往往也会通过一个卸载脚本来显示的删除/dev 中相关设备名,这是一个比较好的习惯,因为内核报找不到相关设备文件,总比内核找到一个错误的驱动去执行要好得多!

前面已经提到了 file_operations 这个结构。内核就是通过这个结构来访问驱动程序的。在内核中对于一个打开的文件,包括一个设备文件,都用 file 结构来标志,而我们常给出一个 file_operations 类型的结构指针,一般命名为 fops 来指向该 file 结构。可以说 file 与 file_operations 这两个结构就是驱动设备管理中最重要的两个结构。在 file_operations 结构中每个字段都必须指向驱动程序中实现特定的操作函数。对于不支持的操作,对应字段就被置为 NULL。这样随着内核不断增加新功能,file_operations 结构也就变得越来越庞大。现在的内核开发人员采用一种叫"标记化"的方法来为该结构进行初始化。即对驱动中用到的函数记录到相应字段中,没有用到的就不管。这样代码就精简了许多。

结构体 file_operations 是在头文件/linux/include/linux/fs. h 中定义的,在内核 2. 6 版内核中我们可以看到 file_operations 结构常是如下的一种定义:

```
struct file_operations {
    struct module * owner;
```
//表示模块拥有者。
```
    loff_t ( * llseek) (struct file * , loff_t, int);
```
//loff_t 是一个 64 位的长偏移数,llseek 方法标示当前文件的操作位置。
```
    ssize_t ( * read) (struct file * , char * , size_t, loff_t * );
```
//ssize_t(signed size)表示当前平台的固有整数类型。Read 是读函数。
```
    ssize_t ( * write) (struct file * , const char * , size_t, loff_t * );
```
//写函数。
```
    int ( * readdir) (struct file * , void * , filldir_t);
```
//readdir 方法用于读目录,其只对文件系统有效。
```
    unsigned int ( * poll) (struct file * , struct poll_table_struct * );
```
//该方法用于查询设备是否可读,可写或处于某种状态。当设备不可读写时它们可以被阻塞直至设备变为可读或可写。如果驱动程序中没有定义该方法则它驱动的设备就会被认为是可读写的。
```
    int ( * ioctl) (struct inode * , struct file * , unsigned int, unsigned long);
```
//ioctl 是一个系统调用,它提供了一种执行设备特定命令的方法。
```
    int ( * mmap) (struct file * , struct vm_area_struct * );
```
//该方法请求把设备内存映射到进程地址空间。
```
    int ( * open) (struct inode * , struct file * );
```
//即打开设备文件,它往往是设备文件执行的第一个操作。
```
    int ( * flush) (struct file * );
```
//进程在关闭设备描述符副本之前会调用该方法,它会执行设备尚未完成的操作。
```
    int ( * release) (struct inode * , struct file * );
```
//当 file 结构被释放时就会调用该方法。
```
    int ( * fsync) (struct file * , struct dentry * , int datasync);
```
//该方法用来刷新待处理的数据。
```
    int ( * fasync) (int, struct file * , int);
```
//即异步通知,它是比较高级功能这里不作介绍。
```
    int ( * lock) (struct file * , int, struct file_lock * );
```

//该方法用来实现文件锁定。

　　ssize_t（∗readv）(struct file ∗，const struct iovec ∗，unsigned long，loff_t ∗)；

//应用程序有时需要进行涉及多个内存区域的单次读写操作,利用该方法以及下面的 writev 可以完成这类操作。

　　ssize_t（∗writev）(struct file ∗，const struct iovec ∗，unsigned long，loff_t ∗)；

　　}；

　　前面已经提到,我们目前采用的是"标记化"方法来为该结构赋值。在我们下面要给出的代码中我们可以看到如下一段：

```
static struct file_operations __fops={                        \
    .owner      =THIS_MODULE,                                 \
    .open       =__fops ## _open,                             \
    .release=simple_attr_close,                               \
    .read       =simple_attr_read,                            \
    .write      =simple_attr_write,                           \
};
```

它只对我们需要的函数赋值,对不需要的没有进行操作。这样使得代码结构更为清晰。

　　下面要讲到的是另一个重要的结构——file,它也定义在头文件/linux/include/linux/fs.h 中。它代表一个打开的文件,由内核在调用 open 时创建。并传递给在该文件上进行操作的所有函数,直到最后的 close 函数被调用。在文件的所有实例都关闭时,内核释放这个数据结构。下面我们对它里面的一些重要字段做一些解释：

　　mode_t f_mode；

　　该字段表示文件模式,它通过 FMODE_READ 和 FMODE_WRITE 位来标示文件是否可读,可写。

　　loff_t f_pos；

　　该字段标记文件当前读写位置。

　　unsigned int f_flags；

　　这是文件标志,如 O_RDONLY,O_NONBLOCK,O_SYNC 等,驱动程序为了支持非阻塞型操作需要检查这个标志。

　　struct file_operations ∗f_op；

　　这就是对我们前面介绍的 file_operations 结构的操作。内核在执行 open 操作时对这个指针赋值,以后需要处理这些操作时就读取这个指针。

　　void ∗private_data；

　　这是个应用非常灵活的字段,驱动可以把它应用于任何目的,可以把它指向已经分配的数据,但一定要在内核销毁 file 结构前在 release 方法中释放该内存。

　　struct dentry ∗f_dentry；

　　它对应一个目录项结构,是一种优化的设计。

　　3. 触摸屏原理

　　开发一个 Linux 的驱动,在熟悉 Linux 内核结构之外,大量的工作在于阅读相应的控制芯片手册。硬件信息决定驱动的主要结构。

　　触摸屏的基本原理是,用手指或其他物体触摸安装在显示器前端的触摸屏时,所触摸的位置（以坐标形式）由触摸屏控制器检测,并通过接口（如 RS-232 串行口）送到 CPU,从而确定输入的信息。

触摸屏系统一般包括触摸屏控制器(卡)和触摸检测装置两个部分。其中,触摸屏控制器(卡)的主要作用是从触摸点检测装置上接收触摸信息,并将它转换成触点坐标,再送给 CPU,它同时能接收 CPU 发来的命令并加以执行;触摸检测装置一般安装在显示器的前端,主要作用是检测用户的触摸位置,并传送给触摸屏控制卡。

触摸屏可以分为以下几种:

● 电阻触摸屏

● 红外线触摸屏

● 电容式触摸屏

● 表面声波触摸屏

● 近场成像触摸屏

如要深入了解,读者可以查阅相关资料。

4. 硬件原理图(图 4.72)

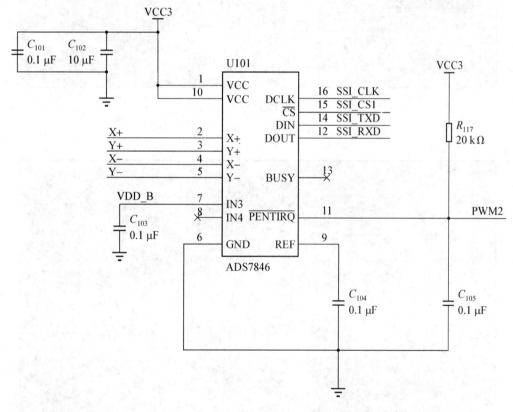

图 4.72

5. 驱动源码文件位置

/linux/drivers/char/sep4020_char/sep4020_tp.c

六、内核编译相关选项

(图 4.73~图 4.76)

Device Driver->Character devices->sep4020 char drivers->sep4020 char device->sep4020 touchpad driver

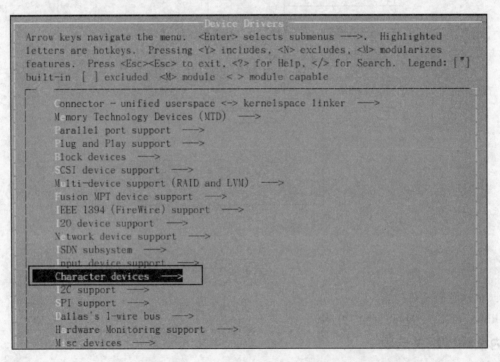

图 4.73

图 4.74

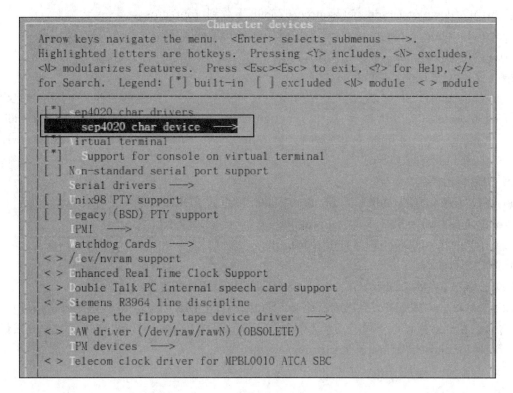

图 4.75

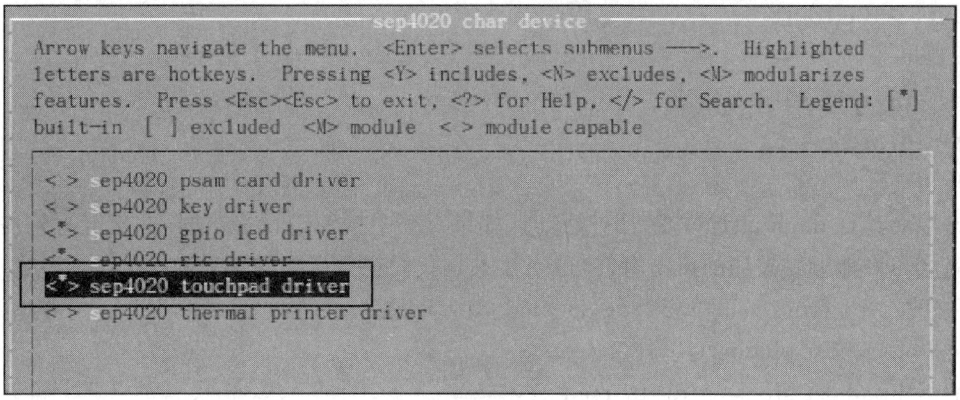

图 4.76

七、实验步骤

1. 要想真正使用触摸屏,请先做实验 11,本实验主要是接着实验 11 的第二个实验往下做的。

实验 11 已经成功移植了 MiniGUI,由于不能使用触摸屏来进行控制,这次将继续实验 11 的移植。往 4020 上移植 tslib 大概方法是通过 tslib 来构建 MiniGUI 的输入引擎。tslib 是一个用于触摸屏设备的函数库,通过这样一个函数库,可以将编程者从繁琐的数据处理中解脱出来。因为触摸屏的坐标和液晶显示屏之间的坐标并不是一一对应的, 所以,要让从触摸屏上得到的坐标正确转换为液晶显示屏上的坐标,需要经过一个转换过程。除此之外,tslib 还以插件的形式提供了一些附加的功能,比如去除点击触摸屏时的抖动等。

第一步:下载源文件并解压缩

从 http：//download.csdn.net/source/673898 下载到/root/cross：

［root@localhost cross］♯ tar xjvf tslib-1.3.tar.bz2

［root@localhost cross］♯ cd tslib-1.3

第二步：针对底层驱动修改配置信息

［root@localhost tslib-1.3］♯　　　./autogen.sh　　　　　　　　（这步会生产 configure 文件）

［root@localhost tslib-1.3］♯　　　./configure　　CC＝arm-linux-gcc　　--build＝i686-pc-
linux　　--target＝arm-linux　　--host＝arm-linux　　--prefix＝/usr/local/arm/3.4.1/arm-
linux　　--enable-inputapi＝no

第三步：修改源码

1）修改/root/cross/tslib-1.3/plugins/Makefile 里面 LDFLAGS：

［root@localhost tslib-1.3］♯ cd plugins/

⌊root@localhost plugins⌋♯ gedit Makefile

将第 143 行的

LDFLAGS：＝$(LDFLAGS)-rpath $(PLUGIN_DIR)修改为：

LDFLAGS：＝$(LDFLAGS)-rpath `cd $(PLUGIN_DIR)&&pwd`(这个可是顿号)

2）修改在/root/cross/tslib-1.3/plugins/mousebuts.c 的 mousebuts_read 函数中一段代码：

［root@localhost plugins］♯ gedit mousebuts.c

将第 67 行道 70 行注释掉，第 73 行注释掉：

//if (t > 60) {

//dest->pressure＝1000；

//buts->fLeftBut＝0；

//} else {

dest->pressure＝0；

buts->fLeftBut＝2；

// }

否则以后运行 minigui 时对按钮的操作时，如果对一个按钮进行点击时，并把光标停在按钮的
上面它就会不断地触发按钮的点击事件，这当然不是我们想要得到的结果。

3）修改/root/cross/tslib-1.3/src/ts_read_raw.c 中的一段代码：

［root@localhost plugins］♯ cd ../src/

［root@localhost src］♯ gedit ts_read_raw.c

将第 98 行中的：

char *defaulttseventtype＝"UCB1x00"；改为

char *defaulttseventtype＝"H3600"；

因为我的触摸屏驱动对应此结构。

4）修改 ts_read_raw.c

在 197 行后添加一行：ret＝sizeof(*hevt)；结果如下：

♯else

tseventtype＝getenv("TSLIB_TSEVENTTYPE")；

if(tseventtype＝＝NULL) tseventtype＝defaulttseventtype；

if(strcmp(tseventtype,"H3600")＝＝0) { /* iPAQ style h3600 touchscreen events */

hevt＝alloca(sizeof(*hevt) * nr)；

ret＝read(ts->fd, hevt, sizeof(*hevt) * nr)；

```
        ret=sizeof( * hevt);
    if(ret > 0) {
```

要添加红色的这句话,否则运行. /ts_ts_calibrate 会出现以下错误:

```
/tests ♯ ./ts_calibrate
        enable_irq(1) unbalanced from c0132bdc
        xres=640, yres=480
        ts_read：No such file or directory
```

5) 在 tslib 源码的 tests/ts_calibrate. c 的 getxy 函数中修改一些代码。如下:

```
[root@localhost src]♯ cd .. /tests/
[root@localhost tests]♯ gedit ts_calibrate. c
```

在第 59 行处:

```
/ * Read until we get a touch.  * /
do {
    if (ts_read_raw(ts, &samp[0], 1) < 0) {
        perror("ts_read");
        close_framebuffer();
        exit(1);
    }
} while (samp[0]. pressure > 0);
/ * Now collect up to MAX_SAMPLES touches into the samp array.  * /
index=0;
do {
    if (index < MAX_SAMPLES-1)
        index++;
    if (ts_read_raw(ts, &samp[index], 1) < 0) {
        perror("ts_read");
        close_framebuffer();
        exit(1);
    }
} while (samp[index]. pressure==0);
printf("Took %d samples...\n",index);
```

发现 tslib 与 minigui 中对于压力参数的规定刚好相反,tslib 规定 samp[0]. pressure>0 是按下,samp[0]. pressure==0 是手松开而事实是相反的如果不改就会出现在运行. /ts_calibrate 程序时不能有效校准,这个一定得注意。

第四步:编译与安装

```
[root@localhost tests]♯ cd ..
[root@localhost tslib-1. 3]♯ make
[root@localhost tslib-1. 3]♯ make install
```

第五步:tslib 移植到嵌入式文件系统上

ts. conf,应该把它复制到目标板环境变量 TSLIB_CONFFILE 指定的目录下:

```
[root@localhost tslib-1. 3]♯ cd /usr/local/arm/3. 4. 1/arm-linux/etc/
[root@localhost etc]♯ cp ts. conf /nfs/etc/
```

将 libts-0.0.so.0、libts-0.0.so.0.1.0、libts.so，这三个文件应该被复制到目标板的 LD_LI-
BRARY_PATH 环境变量指定目录下：

[root@localhost etc]# cd ../lib

[root@localhost lib]# cp libts-0.0.so.0　libts-0.0.so.0.1.0　libts.so /nfs/lib/

[root@localhost lib]# mkdir-p /nfs/test

[root@localhost lib]# cp /usr/local/arm/3.4.1/arm-linux/bin/ts* /nfs/test

安装的时候你可能没有看到 plugins 目录，要在/usr/local/arm/3.4.1/arm-linux/share/ts/
下找：

[root@localhost lib]# cp-r /usr/local/arm/3.4.1/arm-linux/share/ts/plugins /nfs

经过这四次拷贝就将 tslib 的相应库都拷全了，下面要配置文件系统的环境变量，这样程序才
能到指定目录下去找库：

[root@localhost /]# cd /nfs/etc/

[root@localhost etc]# gedit profile

在里面添加以下环境变量：

export T_ROOT=/

export LD_LIBRARY_PATH=/lib

export TSLIB_CONSOLEDEVICE=none

export TSLIB_TSDEVICE=/dev/tp

export TSLIB_CALIBFILE=/etc/pointercal

export TSLIB_CONFFILE=/etc/ts.conf

export TSLIB_PLUGINDIR=/plugins

使有如下形式（图 4.77）：

```
#Set user path

export PATH=/bin:/sbin:/usr/bin:/usr/sbin:$PATH

mknod /dev/ttyp5 c 3 5
mknod /dev/ptyp5 c 2 5
mknod /dev/buttons c 254 0
mknod /dev/tp c 250 0
mknod /dev/led c 253 0

export T_ROOT=/
export LD_LIBRARY_PATH=/lib
export TSLIB_CONSOLEDEVICE=none
export TSLIB_TSDEVICE=/dev/tp
export TSLIB_CALIBFILE=/etc/pointercal
export TSLIB_CONFFILE=/etc/ts.conf
export TSLIB_PLUGINDIR=/plugins

hwclock -s
```

图 4.77

第六步：生成校准文件 pointercal
在目标板上运行校准程序校准屏幕（5 点校准），如图 4.78 所示：
/test # ./ts_calibrate

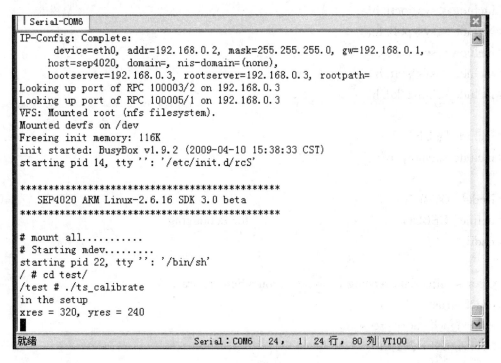

图 4.78

板子上陆续出现 5 个光标,点击完毕后会生成校准文件 pointercal,并存放在 etc/下面。ts_calibrate 是一个应用程序,在屏幕上画几个按钮,将用户点击后从 tp 驱动获得的数据和屏上的坐标位置通过一套算法来获得校准数据,写到一个校准文件里。Pointercal 文件中包含了触摸屏的校准数据(calibration),正是由于该文件的存在,tslib 才能正确地在触摸屏坐标和液晶屏幕的坐标之间进行转换。

第七步:tslib 和 minigui 的链接

我们需要将 tslib 和 minigui 进行链接,则可以通过改写 MiniGUI 的 IAL 引擎。MiniGUI 自带的 IAL 输入引擎中,有一个叫做 dummy.c。存在于/root/cross/libminigui-1.3.3/src/ial 中,为了尽可能简单,在这里为简单起见就在其基础上稍作修改,使之符合我们的要求即可。其内容如下:

[root@localhost libminigui-1.3.3]# cd src/ial/

[root@localhost ial]# gedit dummy.c

写入以下内容:

#include <stdio.h>

#include <stdlib.h>

#include <string.h>

#include <unistd.h>

#include <fcntl.h>

#include "common.h"

#include "tslib.h"

#ifdef _DUMMY_IAL

```
#include <sys/ioctl. h>
#include <sys/poll. h>
#include <sys/types. h>
#include <sys/stat. h>
#include <linux/kd. h>

#include "ial. h"
#include "dummy. h"

#ifndef _DEBUG
#define _DEBUG                          // for debugging
#endif

/* for storing data reading from /dev/touchScreen/0raw */
typedef struct {
    unsigned short pressure;
    unsigned short x;
    unsigned short y;
    unsigned short pad;
} TS_EVENT;

static unsigned char state [NR_KEYS];
static int mousex=0;
static int mousey=0;
static TS_EVENT ts_event;
static struct tsdev * ts;

/* * * * * * * * * * * * * * * * * * * * * * * * * * Low Level Input Operations * *
* * * * * * * * * * * * * * * * * * * * */
/*
 * Mouse operations-Event
 */
static int mouse_update(void)
{
    return 1;
}

static void mouse_getxy(int * x, int * y)
{
    if (mousex < 0) mousex=0;
    if (mousey < 0) mousey=0;
    if (mousex > 639) mousex=639;
```

```
        if (mousey > 479) mousey=479;

#ifdef _DEBUG
    // printf ("mousex=%d, mousey=%d\n", mousex, mousey);
#endif



        * x=mousex;
        * y=mousey;
}

static int mouse_getbutton(void)
{
        return ts_event. pressure;
}


#ifdef _LITE_VERSION
static int wait_event (int which, int maxfd, fd_set * in, fd_set * out, fd_set * except,
                struct timeval * timeout)
#else
static int wait_event (int which, fd_set * in, fd_set * out, fd_set * except,
                struct timeval * timeout)
#endif
{
        struct ts_sample sample;
        int ret=0;
        int fd;
        fd_set rfds;
        int e;

        if (! in) {
                in=&rfds;
                FD_ZERO (in);
        }

fd=ts_fd(ts);

    if ((which & IAL_MOUSEEVENT) && fd >=0) {
                FD_SET (fd, in);
#ifdef _LITE_VERSION
                if (fd > maxfd) maxfd=fd;
#endif
```

```c
    }
# ifdef _LITE_VERSION
    e=select (maxfd+1, in, out, except, timeout);
# else
    e=select (FD_SETSIZE, in, out, except, timeout);
# endif


    if (e > 0) {
        // input events is coming
        if (fd > 0 && FD_ISSET (fd, in)) {
            FD_CLR (fd, in);
            ts_event. x=0;
            ts_event. y=0;

            ret=ts_read(ts, &sample, 1);
            if (ret < 0) {
                perror("ts_read()");
                exit(-1);
            }


        ts_event. x=sample. x;
        ts_event. y=sample. y;
        ts_event. pressure=(sample. pressure > 0 ? 4:0);


    //    if (ts_event. pressure > 0 &&
        if((ts_event. x >=0 && ts_event. x <=639) &&
            (ts_event. y >=0 && ts_event. y <=479)) {
            mousex=ts_event. x;
            mousey=ts_event. y;
        // printf("ts_event. x is %d, ts_event. y is %d--------------
------------------------->\n",ts_event. x

,ts_event. y);
            }


//# ifdef _DEBUG
        //    ' if (ts_event. pressure > 0) {
        //    printf ("mouse down: ts_event. x=%d, ts_event. y=%d,ts_event. pressure=%

d\n",ts_event. x,ts_event. y,ts_event. pressure);
        //    }
//# endif
```

```
                ret |=IAL_MOUSEEVENT;

                return (ret);
            }


        }
        else if (e < 0) {
            return-1;
        }


    return (ret);
}BOOL InitDummyInput(INPUT * input, const char * mdev, const char * mtype)
{
    char * ts_device=NULL;

    if ((ts_device=getenv("TSLIB_TSDEVICE")) ! =NULL) {

            // open touch screen event device in blocking mode
            ts=ts_open(ts_device, 0);
    } else {
#ifdef USE_INPUT_API
        ts=ts_open("/dev/input/0raw", 0);
#else
        ts=ts_open("/dev/touchscreen/ucb1x00", 0);
#endif
    }
#ifdef _DEBUG
        printf ("TSLIB_TSDEVICE is open!!!!!!!!!!! \n");
#endif
    if (! ts) {
        perror("ts_open()");
        exit(-1);
    }

    if (ts_config(ts)) {
        perror("ts_config()");
        exit(-1);
    }

    input->update_mouse=mouse_update;
    input->get_mouse_xy=mouse_getxy;
```

```
        input->set_mouse_xy=NULL;
        input->get_mouse_button=mouse_getbutton;
        input->set_mouse_range=NULL;

        input->wait_event=wait_event;
        mousex=0;
        mousey=0;
        ts_event. x=ts_event. y=ts_event. pressure=0;

        return TRUE;
}


void TermDummyInput(void)
{
        if (ts)
                ts_close(ts);
}


#endif / * _DUMMY_IAL * /
```

将 dummy. c 修改好以后就可以对 MiniGUI 进行重新编译了,因为用到了 tslib 库,所以必须在编译的时候告诉 MiniGUI 到哪里去找到 tslib 相关的头文件和共享库文件。具体做法如下所示:

第八步:重新配置编译安装 MiniGUI

```
[root@localhost cross]# cd /usr/lib
[root@localhost lib]# mv libjpeg. so libjpeg. so_back
[root@localhost lib]# mv libpng. so libpng. so_back
[root@localhost lib]# mv libttf. so libttf. so_back
[root@localhost lib]# ln-s /usr/local/arm/3. 4. 1/arm-linux/lib/libttf. so . /libttf. so
[root@localhost lib]# ln-s /usr/local/arm/3. 4. 1/arm-linux/lib/libpng. so . /libpng. so
[root@localhost lib]# ln-s /usr/local/arm/3. 4. 1/arm-linux/lib/libjpeg. so . /libjpeg. so
[root@localhost lib]# cd /root/cross/libminigui-1. 3. 3
[root@localhost libminigui-1. 3. 3]#     . /configure     CC=arm-linux-gcc     --build=
i686-pc-linux     --target=arm-linux     --host=arm-linux     --disable-galqvfb     --disable-ga-
lecoslcd     --disable-vbfsupport     --disable-ttfsupport     --disable-type1support     --prefix
=/usr/local/arm/3. 4. 1/arm-linux     CFLAGS="-I/usr/local/arm/3. 4. 1/arm-linux/include-
L/usr/local/arm/3. 4. 1/arm-linux/lib-lts"
[root@localhost libminigui-1. 3. 3]# make
[root@localhost libminigui-1. 3. 3]# make install
```

注意:现在不要忘记把前面刚刚备份的改回来。

```
[root@localhost libminigui-1. 3. 3]# cd /usr/lib
[root@localhost lib]# mv libjpeg. so_back libjpeg. so
mv:是否覆盖"libjpeg. so"? y
[root@localhost lib]# mv libpng. so_back libpng. so
```

mv：是否覆盖"libpng. so"? y

［root@localhost lib］# mv libttf. so_back libttf. so

mv：是否覆盖"libttf. so"? y

第九步：重新配置编译安装 mde-1. 3. 0

［root@localhost lib］# cd /root/cross/mde-1. 3. 0

［root@localhost mde-1. 3. 0］# ./configure CC＝arm-linux-gcc --build＝i686-pc-linux --target＝arm-linux --host＝arm-linux CFLAGS="-I/usr/local/arm/3. 4. 1/arm-linux/include-L/usr/local/arm/3. 4. 1/arm-linux/lib-lts"

［root@localhost mde-1. 3. 0］# make

［root@localhost mde-1. 3. 0］# make install

第十步：重新拷贝并实验

编译完以上两个，再把/usr/local/arm/3. 4. 1/arm-linux 下的 lib 文件夹复制到/nfs/下面。由于以前已将拷贝过一部分，现在可以将以前的库删除掉然后重新拷贝。同理先删除 demo 下的实例然后重新拷贝。

［root@localhost mde-1. 3. 0］# rm-rf /nfs/lib

［root@localhost mde-1. 3. 0］# cp-rf /usr/local/arm/3. 4. 1/arm-linux/lib /nfs/

［root@localhost mde-1. 3. 0］# rm-rf /nfs/lib/ *. a

［root@localhost mde-1. 3. 0］# rm-rf /nfs/lib/minigui/

［root@localhost mde-1. 3. 0］# cp-ar /usr/local/lib/minigui/ /nfs/lib/

［root@localhost mde-1. 3. 0］# rm-rf /nfs/demo/mde-1. 3. 0/

［root@localhost mde-1. 3. 0］# cp-ar ../mde-1. 3. 0 /nfs/demo/

好了，重新启动开发板，现在就可以利用触摸屏来控制 MiniGUI 中的控件了。

2. 剖析 UB4020EVB 平台上运行的触摸屏驱动程序（sep4020_tp. c）

```
#include <linux/module. h>        //含使用计数宏的定义
#include <linux/types. h>
#include <linux/fs. h>
#include <linux/errno. h>
#include <linux/mm. h>
#include <linux/sched. h>
#include <linux/init. h>         //含模块初始化代码
#include <linux/cdev. h>
#include <linux/interrupt. h>
#include <linux/time. h>
#include <linux/spinlock_types. h>     //有关自旋锁的定义
#include <linux/delay. h>

#include <asm/types. h>
#include <asm/system. h>
#include <asm/uaccess. h>
#include <asm/io. h>
#include <asm/hardware. h>
```

```c
#define TP_MAJOR              250 //主设备号
#define X_LOCATION_CMD   0x90
#define Y_LOCATION_CMD   0xd0

#define PEN_UP              0
#define PEN_UNSURE          1
#define PEN_DOWN            2

#define PEN_TIMER_DELAY_JUDGE              2// judge whether the pendown message
is a true pendown      jiffes
#define PEN_TIMER_DELAY_LONGTOUCH         1// judge whether the pendown mes-
sage is a long-time touch   jiffes

#define CSL      * (volatile unsigned long * )GPIO_PORTD_DATA_V &=~(0x1<<3)
//cs 片选信号拉低
#define CSH      * (volatile unsigned long * )GPIO_PORTD_DATA_V |=0x1<<3
//cs 片选信号拉高

#define CLKL     * (volatile unsigned long * )GPIO_PORTD_DATA_V &=~(0x1<<
4)     //时钟输入口线
#define CLKH     * (volatile unsigned long * )GPIO_PORTD_DATA_V |=0x1<<4

#define DATAL    * (volatile unsigned long * )GPIO_PORTD_DATA_V &=~(0x1<<
1)     //命令输入口线
#define DATAH    * (volatile unsigned long * )GPIO_PORTD_DATA_V |=0x1<<1

static ints_tp_openflag=0;
static ints_pen_status=PEN_UP;

struct tp_dev
{
    struct cdev cdev;
    unsigned short zpix;
    unsigned short xpix;
    unsigned short ypix;
    struct timer_list tp_timer;
};

struct tp_dev * tpdev;//触摸屏结构体

static unsigned short PenSPIXfer(unsigned short ADCommd)
```

```
{
    unsigned short data=0;
    int i=0;

    CSL;
    udelay(10);

    //前 8 个节拍发送命令
for(i=0; i < 8; i++)
{
CLKL;
udelay(10);
if(ADCommd & 0x80)      //从命令的最高位开始
    {
    DATAH;
    }
    else
    {
    DATAL;
    }

CLKH;
udelay(10);
ADCommd <<=1;
    }

    //3 个节拍以上的等待,保证控制命令的完成
udelay(50);

    //12 个节拍读取转换成数字信号的 ad 采样值
for(i=0;i<12;i++)
    {
CLKL;
udelay(10);
if( * (volatile unsigned long * )GPIO_PORTD_DATA_V & 0x1)      //判断数据输出位是
否为 1
    {
    data |=0x1;
    }
data <<=1;
CLKH;
udelay(10);
```

```
        }

        //3 个节拍以上的等待,保证最后一位数据的完成
        udelay(50);

        CSH;

        return data;

    }


    static void sep4020_tp_setup(void)
    {

        *(volatile unsigned long *)INTC_IMR_V |=0x200;      //extern int 8
        *(volatile unsigned long *)INTC_IER_V |=0x200;

        disable_irq(INTSRC_EXTINT8);
        *(volatile unsigned long *)GPIO_PORTA_SEL_V |=0x100;      //通用用途
        *(volatile unsigned long *)GPIO_PORTA_DIR_V |=0x100;      //输入

        *(volatile unsigned long *)GPIO_PORTA_INTRCTL_V |=0x30000;      //低电平触
发
        *(volatile unsigned long *)GPIO_PORTA_INCTL_V |=0x100;          //外部中断
源输入

        *(volatile unsigned long *)GPIO_PORTD_DIR_V |=0x01;      //portD0 输入
        *(volatile unsigned long *)GPIO_PORTD_DIR_V&=~(0x1a);      //prortD1,
portD3, portD4 输出
        *(volatile unsigned long *)GPIO_PORTD_SEL_V |=0x1b;        //0,1,3,4 均设置
为通用(普通 io)


        mdelay(20);
        printk("in the touchpad setup \n");
        *(volatile unsigned long *)GPIO_PORTA_INTRCLR_V |=0x100;
        *(volatile unsigned long *)GPIO_PORTA_INTRCLR_V &=0x000;   //清除中断

        enable_irq(INTSRC_EXTINT8);

    }
```

```
static void tsevent(void)
{

    if (s_pen_status==PEN_DOWN)
     {
      tpdev->xpix=PenSPIXfer(X_LOCATION_CMD);
      tpdev->ypix=PenSPIXfer(Y_LOCATION_CMD);
      tpdev->zpix=0;  //0 means down;
     }
    else if(s_pen_status==PEN_UP)
     {
      tpdev->zpix=4; //4 means up;
     }

}



static void tp_timer_handler(unsigned long arg)
{
    int penflag=0;
    penflag= *(volatile unsigned long *)GPIO_PORTA_DATA_V;     //读取中断口
数值

    if((penflag & 0x100)==0)//如果第九位是低电平,表示触摸屏仍然被按着
     {
     if(s_pen_status==PEN_UNSURE )
                  s_pen_status=PEN_DOWN;

     tpdev->tp_timer. expires=jiffies+PEN_TIMER_DELAY_LONGTOUCH;
     tsevent();        //读取触摸屏坐标
     add_timer(&tpdev->tp_timer);

     }
    else
     {
     del_timer_sync(&tpdev->tp_timer);      //在定时器到期前禁止一个已注册的定
时器
     s_pen_status=PEN_UP;
     tsevent();
     *(volatile unsigned long *)GPIO_PORTA_INTRCLR_V |=0x100;
```

```
        * (volatile unsigned long * )GPIO_PORTA_INTRCLR_V  &=0x000;
//清除中断
        enable_irq(INTSRC_EXTINT8);
    }


}


static int sep4020_tp_irqhandler(int irq, void * dev_id, struct pt_regs * regs)
{

    disable_irq(INTSRC_EXTINT8);

    s_pen_status=PEN_UNSURE;

    tpdev->tp_timer. expires=jiffies+PEN_TIMER_DELAY_JUDGE;
    add_timer(&tpdev->tp_timer);

     * (volatile unsigned long * )GPIO_PORTA_INTRCLR_V |=0x100;
     * (volatile unsigned long * )GPIO_PORTA_INTRCLR_V &=0x0;        //清除中断

    //we will turn on the irq in the timer_handler
    return IRQ_HANDLED;
}

static int sep4020_tp_open(struct inode * inode, struct file * filp)
{
    if( s_tp_openflag )
            return-EBUSY;
    s_tp_openflag=1;
    tpdev->zpix=0;
    tpdev->xpix=0;
    tpdev->ypix=0;
    s_pen_status  =PEN_UP;
    sep4020_tp_setup();
    return 0;
}
static int sep4020_tp_release(struct inode * inode, struct file * filp)
{
    s_tp_openflag=0;
    return 0;
}
```

```
static ssize_t sep4020_tp_read(struct file * filp, char_user * buf, size_t size, loff_t * ppos)
{
    unsigned short a[3]={0};
    a[0]=tpdev->zpix;
    a[1]=tpdev->xpix;
    a[2]=tpdev->ypix;
    copy_to_user(buf, a, sizeof(a));
    return 0;
}


static  struct file_operations sep4020_tp_fops=
{
    .owner=THIS_MODULE,
    .read=sep4020_tp_read,
    .open=sep4020_tp_open,
    .release=sep4020_tp_release,
};


static int_init sep4020_tp_init(void)
{
    int err,result;
    dev_t devno=MKDEV(TP_MAJOR, 0);
#ifdef TP_MAJOR
        result=register_chrdev_region(devno, 1, "sep4020_tp");//向系统静态申请设备号
#else
        result=alloc_chrdev_region(&devno, 0, 1, "sep4020_tp");//向系统动态申请设备号

#endif

    if(result < 0)
       return result;

    tpdev=kmalloc(sizeof(struct tp_dev),GFP_KERNEL);
    if (! tpdev)
       {
       result=-ENOMEM;
       unregister_chrdev_region(devno,1);
       return result;
       }
memset(tpdev,0,sizeof(struct tp_dev));
```

```
//add a irqhandler
if(request_irq(INTSRC_EXTINT8,sep4020_tp_irqhandler,SA_INTERRUPT,"sep4020_
tp",NULL))
        {
        printk("request tp irq8 failed! \n");
        unregister_chrdev_region(devno,1);
        kfree(tpdev);
        return-1;
        }


//init the tpdev device struct
cdev_init(&tpdev->cdev, &sep4020_tp_fops);
tpdev->cdev.owner=THIS_MODULE;
//just init the timer, not add to the kernel now
setup_timer(&tpdev->tp_timer,tp_timer_handler,0);

        //向系统注册该字符设备
err=cdev_add(&tpdev->cdev, devno, 1);
if(err)
        {
        printk("adding err\r\n");
        unregister_chrdev_region(devno,1);
        kfree(tpdev);
        free_irq(INTSRC_EXTINT8,NULL);
        return err;
        }
return 0;
}

static void_exit sep4020_tp_exit(void)
{
    cdev_del(&tpdev->cdev);
    kfree(tpdev);
    free_irq(INTSRC_EXTINT8,NULL);
    unregister_chrdev_region(MKDEV(TP_MAJOR, 0),1);
}


module_init(sep4020_tp_init);
module_exit(sep4020_tp_exit);
```

3. 运行示例程序：

将开发板上电，接着按下图的步骤进入/demo/minigui-demo/minigui-mde/same 下运行 same
程序(如图 4.79 所示)

```
# mount all..........
# Starting mdev........
starting pid 22, tty '': '/bin/sh'
hwclock: settimeofday() failed: Invalid argument
/ # ls
bin            home           mp3-demo       root           tslib-demo
demo           lib            plugins        sbin           usr
dev            minigui-demo   printer-demo   sys            var
etc            mnt            proc           tmp
/ # cd minigui-demo/
/minigui-demo # cd minigui-mde/
/minigui-demo/minigui-mde # cd same/
/minigui-demo/minigui-mde/same # ./same
in the setup
TSLIB_TSDEVICE is open!!!!!!!!!!!!
Aborted
/minigui-demo/minigui-mde/same #
就绪                                                      Serial : COM1
```

图 4.79

这时在触摸屏上就出现了我们熟悉的泡泡龙程序的画面了(如图 4.80 所示)。

图 4.80

4. 改写该驱动程序,在其基础上实现一些你想要的简单功能。

由于驱动程序的复杂性,不容易上手且又容易出问题,所以建议你先只对其中的调试信息做一些改动,在运行该驱动程序时看看其在屏幕上的打印信息。在你对整个过程及相关硬件有较多的一些了解之后再动手做一些功能上的调整。结合 ARMLinux 的移植实验中的相关内容,把改动的驱动程序编译进内核,并下载内核验证结果。你只要把该驱动在必要地方修改后(注意修改前的代码一定要做备份)保存代码,回到内核目录,make 编译内核,然后下载编译好的内核。

实验 10　MiniGUI 图形用户界面编程

helloworld 应用程序

一、实验目的

1. 了解 MiniGUI 的基本结构。
2. 了解 MiniGUI 程序设计的基本方法。
3. 了解 MiniGUI 应用程序的编译和运行。

二、实验内容

1. 分析并了解 MiniGUI 应用程序 helloworld。
2. 在开发板上运行 helloworld 程序。

三、预备知识

1. 掌握在 ARMLinux 集成开发环境中编写和调试程序的基本过程。
2. 了解 ARM 应用程序的框架结构。
3. 掌握 Linux 下的程序编译与交叉编译。

四、实验设备

硬件：UB4020EVB 开发板、LCD 屏、交叉网线、PC 机奔腾 4 以上，硬盘 10 GB 以上；

软件：PC 机操作系统 Fedra 7.0＋Linux SDK 3.1＋AMRLinux 开发环境。

五、实验原理

MiniGUI 是一个著名的自由软件项目，项目的目标是为基于 Linux 的实时嵌入式系统提供一个轻量级的图形用户界面支持系统。MiniGUI 为应用程序定义了一组轻量级的窗口和图形设备接口。利用这些接口，每个应用程序可以建立多个窗口，而且可以在这些窗口中绘制图形且互不影响。用户也可以利用 MiniGUI 建立菜单、按钮、列表框等常见的 GUI 元素。

MiniGUI 具有良好的软件架构，通过抽象层将 MiniGUI 上层和底层操作系统隔离开来。如图 4.81 所示，基于 MiniGUI 的应用程序一般通过 ANSI C 库以及 MiniGUI 自身提供的 API 来实现自己的功能；MiniGUI 中的"可移植层"可将特定操作系统及底层硬件的细节隐藏起来，而上层应用程序则无需关注底层的硬件平台输出和输入设备。

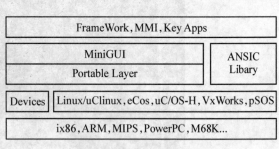

图 4.81　MiniGUI 软件架构

另外，MiniGUI 特有的运行模式概念，也为跨操作系统的支持提供了便利。一般而言，MiniGUI-Standalone 模式的适用面最广，可以支持几乎所有的操作系统，甚至包括类似 DOS 这样的操作系统；MiniGUI-Threads 模式的适用面次之，可运行在支持多任务的实时嵌入式操作系统，或者具备完整 Unix 特性的普通操作系统；MiniGUI-Lite 模式的适用面较小，它仅适合于具备完整 Unix 特性的普通操作系统。不论采用哪种运行模式，MiniGUI 为上层应用软件提供了最大程度上的一致性；只有少数几个涉及初始化的接口在不同运行模式上有所不同。

六、实验步骤

1. 分析 MiniGUI 应用程序 helloworld

该程序的源代码在/root/minigui/mg-samples-1.3.1/src/目录下。

1) 头文件

helloworld. c 的开始所包括的四个头文件是所有 MiniGUI 应用程序都必须包括的头文件。

● common. h 包括 MiniGUI 常用的宏及数据类型的定义。

● minigui. h 包含了全局的和通用的接口函数以及某些杂项函数的定义。

● window. h 包含了窗口有关的宏、数据类型、数据结构的定义以及函数接口声明

● gdi. h 包含了 libminigui 中所有内建控件的接口定义。

2) 程序入口点

一个 C 程序的入口点为 main 函数,而一个 MiniGUI 程序的入口点为 MiniGUIMain,该函数的圆型如下:

int MiniGUIMain (int argc, const char ＊ argv[])

main 函数已经在 MiniGUI 的函数库中定义了,该函数在进行一些 MiniGUI 的初始化工作之后调用 MiniGUIMain 函数。所以,每个 MiniGUI 应用程序(无论是服务器端程序 mginit 还是客户端应用程序)的入口点均为 MiniGUIMain 函数。参数 argc 和 argv 与 C 程序 main 函数的参数 argc 和 argv 的含义是一样的,分别为命令行参数个数和参数字符串数组指针。

3) 创建和显示主窗口

hMainWnd＝CreateMainWindow(&CreateInfo);

每个 MiniGUI 应用程序的初始界面一般都是一个主窗口,你可以通过调用 CreateMainWindow 函数来创建一个主窗口,其参数是一个指向 MAINWINCREATE 结构的指针,本例中就是 CreateInfo,返回值为所创建的主窗口的句柄。MAINWINCREATE 结构描述一个主窗口的属性,你在使用 CreateInfo 创建主窗口之前,需要设置它的各项属性。

CreateInfo. dwStyle＝WS_VISIBLE | WS_BORDER | WS_CAPTION;

设置主窗口风格,这里把窗口设为初始可见的,并具有边框和标题栏。

CreateInfo. deExStyle＝WS_EX_NONE;

设置主窗口的扩展风格,该窗口没有扩展风格。

CreateInfo. spCaption＝"Hello,World"

设置主窗口的标题为"Hello,World"。

CreateInfo. hMenu＝0;

设置主窗口的主菜单,该窗口没有主菜单。

CreateInfo. hCursor＝GetSystemCursor(0);

设置主窗口的光标为系统缺省光标。

CreateInfo. hIcon＝0;

设置主窗口的图标,该窗口没有图标。

CreateInfo. MainWindowProc＝HelloWinProc;

设置主窗口的窗口过程函数为 HelloWinProc,所有发往该窗口的消息由该函数处理。

CreateInfo. lx＝0;

CreateInfo. ty＝0;

CreateInfo. rx＝320;

CreaetInfo. by＝240;

设置主窗口在屏幕上的位置,该窗口左上角位于(0, 0),右下角位于(320, 240)。

CreateInfo. iBkColor＝PIXEL_lightwhite;

设置主窗口的背景色为白色,PIXEL_lightwhite 是 MiniGUI 预定义的像素值。

CreateInfo. dwAddData＝0;

设置主窗口的附加数据,该窗口没有附加数据。

CreateInfo. hHosting＝HWND_DESKTOP；

设置主窗口的托管窗口为桌面窗口。

ShowWindow(hMainWnd，SW_SHOWNORMAL)；

创建完主窗口之后，还需要调用 ShowWindow 函数才能把所创建的窗口显示在屏幕上。ShowWindow 的第一个参数为所要显示的窗口句柄，第二个参数指明显示窗口的方式（显示还是隐藏），SW_SHOWNORMAL 说明要显示主窗口，并把它置为顶层窗口。

4）进入消息循环

在调用 ShowWindow 函数之后，主窗口就会显示在屏幕上。和其他 GUI 一样，现在是进入消息循环的时候了。MiniGUI 为每一个 MiniGUI 程序维护一个消息队列。在发生事件之后，MiniGUI 将事件转换为一个消息，并将消息放入目标程序的消息队列之中。应用程序现在的任务就是执行如下的消息循环代码，不断地从消息队列中取出消息，进行处理：

```
while (GetMessage(&Msg, hMainWnd) {
TranslateMessage(&Msg);
DispatchMessage(&Msg);
}
```

Msg 变量是类型为 MSG 的结构，MSG 结构在 window. h 中。

GetMessage 函数调用从应用程序的消息队列中取出一个消息：

GetMessage(&Msg, hMainWnd)；

该函数调用的第二个参数为要获取消息的主窗口的句柄，第一个参数为一个指向 MSG 结构的指针，GetMessage 函数将用从消息队列中取出的消息来填充该消息结构的各个域，包括：

● Hwnd 消息发往的窗口的句柄。在 helloworld. c 程序中，该值与 hMainWnd 相同。

● message 消息标志符。这是一个用于标志消息的整数值。每一个消息均有一个对应的预定义标志符，这些标志符定义在 window. h 头文件中，以前缀 MSG 开头。

● wParam 一个 32 位的消息参数，其含义和值根据消息的不同而不同。

● lParam 一个 32 位的消息参数，其含义和值取决于消息的类型。

● Time 消息放入消息队列中的时间。只要从消息队列中取出的消息不为 MSG_QUIT，GetMessage 就返回一个非 0 值，消息循环将持续下去。MSG_QUIT 消息使 GetMessage 返回 0，导致消息循环的终止。

TranslateMessage(&Msg)；

TranslateMessage 函数把击键消息转换为 MSG_CHAR 消息，然后直接发送到窗口过程函数。

DispatchMessage(&Msg)；

DispatchMessage 函数最终把消息发往该消息的目标窗口的窗口过程，让他进行处理，在本例中，该窗口过程就是 HelloWinProc。也就是说，MiniGUI 在 DispatchMessage 函数中调用主窗口的窗口过程函数（回调函数）对发往该主窗口的消息进行处理。处理完消息之后，应用程序的窗口过程函数将返回到 DispatchMessage 函数中，而 DispatchMessage 函数最后又将返回到应用程序代码中，应用程序又从下一个 GetMessage 函数调用开始消息循环。

5）窗口过程函数

窗口过程函数是 MiniGUI 程序的主体部分，应用程序实际所做的工作大部分都发生在窗口过程函数中，因为 GUI 程序的主要任务就是接受和处理窗口收到的各种消息。

在 helloworld. c 程序中，窗口过程是名为 HelloWinProc 的函数。窗口过程函数可以由程序员任意命名，CreateMainWindow 函数根据 MAINWINCREATE 结构类型的参数中指定的窗口过程创建主窗口。

窗口过程函数总是定义为如下形式：

static int HelloWinProc(HWND hWnd, int message, WPARAM wParam, LPARAM lParam)

窗口过程的 4 个参数与 MSG 结构的前四个域是相同的。第一个参数 hWnd 是接收消息的窗口的句柄,它与 CreateMainWindow 函数的返回值相同,该值标识了接收该消息的特定窗口。第二个参数与 MSG 结构中的 message 域相同,它是一个标识窗口所收到消息的整数值。最后两个参数都是 32 位的消息参数,它提供和消息相关的特定信息。

程序通常不直接调用窗口过程函数,而是由 MiniGUI 进行调用;也就是说,它是一个回调函数。窗口过程函数不予处理的消息应该传给 DefaultMainWinProc 函数进行缺省处理,从 DefaultMainWinProc 返回的值必须由窗口过程返回。

6) 屏幕输出

程序在响应 MSG_PAINT 消息时进行屏幕输出。应用程序应首先通过调用 BeginPaint 函数来获得设备上下文句柄,并用它调用 GDI 函数来执行绘制操作。这里,程序使用 TextOut 文本输出函数在客户区的中部显示了一个"Hello world!"字符串。绘制结束之后,应用程序应调用 EndPaint 函数释放设备上下文句柄。

7) 程序的退出

用户单击窗口右上角的关闭按钮时窗口过程函数将收到一个 MSG_CLOSE 消息。Helloworld 程序在收到 MSG_CLOSE 消息时调用 DestroyMainWindow 函数销毁主窗口,并调用 PostQuitMessage 函数在消息队列中投入一个 MSG_QUIT 消息。当 GetMessage 函数取出 MSG_QUIT 消息时将返回 0,最终导致程序退出消息循环。

程序最后调用 MainWindowThreadCleanup 清除主窗口所使用的消息队列等系统资源并由 MiniGUIMain 返回。

2. 编译并运行 helloworld 应用程序

熟悉了 helloworld 程序之后,就可以进行编译了。

1) 在 PC 机上运行 helloworld

输入如下命令,编译 helloworld:

[root@localhost src]# gcc-o hello helloworld. c-lpthread-lminigui

在 src 目录下便生成了 hello 可执行程序。然后运行此程序,输入如下命令:

[root@localhost src]# ./hello

出现如图 4.82 所示界面:

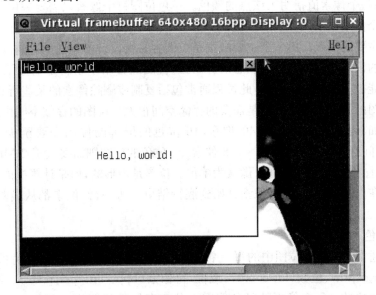

图 4.82　运行结果

2）在开发板上运行 helloworld

输入如下命令，编译 helloworld：

［root@localhost src］# arm-linux-gcc-o hello helloworld. c-lpthread-lminigui

在 src 目录下便生成了 hello 可执行程序。然后将此程序拷贝到/nfs 下，使用网络文件系统，并运行此程序，输入如下命令：

／ # ./hello

出现的图和上面相似。

Loadbmp 位图实验

一、实验目的

1. 了解 MiniGUI 位图操作的基本结构。

2. 练习 MiniGUI 位图操作。

二、实验内容

1. 文件装载位图；

2. 将该位图显示在目标平台上。

三、预备知识

1. MiniGUI 和 C 编程基础知识；

2. Linux 的基本结构和编程；

3. 图像方面的基本知识。

四、实验设备

硬件：UB4020EVB 开发板、LCD 屏、交叉网线、PC 机奔腾 4 以上，硬盘 10 GB 以上；

软件：PC 机操作系统 Fedra 7.0＋Linux SDK 3.1＋AMRLINUX 开发环境。

五、实验原理

1. 位图的概念

大多数的图形输出设备是光栅设备，如视频显示器和打印机。光栅设备用离散的像素点来表示所要输出的图像。和光栅图像类似，位图是一个二维的数组，记录了图像的每一个像素点的像素值。在位图中，每一个像素值指明了该点的颜色。单色位图每个像素只需要一位，灰色或彩色位图每个像素需要多个位来记录该像素的颜色值。位图经常用来表示来自真实世界的复杂图像。

位图有两个主要的缺点。第一个主要缺点是位图容易受设备依赖性的影响，例如颜色，在单色设备上显示彩色的位图总是不能令人满意的。而且，位图经常暗示了特定的显示分辨率和图像纵横比。尽管位图能被拉伸和压缩，但是此过程通常包括复制或删除像素的某些行和列，这样会导致图像的失真。位图的第二个主要缺点是需要的存储空间很大。位图的存储空间由位图的大小及其颜色数决定。例如，表示一个 320×240 像素，16 位色的屏幕的位图需要至少 320×240×2＝150 KB 的存储空间；而存储一个 1024×768 像素，24 位色的位图则需要大于 2 MB 的空间。

位图呈矩形，图像的高度和宽度以像素为单位。位图是矩形的，但是计算机内存是线性的。通常位图按行存储在内存中，且从顶行像素开始到底行结束。每一行，像素都从最左边的像素开始，依次向右存储。

2. 位图的颜色

位图的颜色通常使用记录位图中的每一个像素的颜色值所需要的位数来衡量，该值称为位图的颜色深度（color depth）、位数（bit-count），或位/每像素（bpp：bits per pixel）。位图中的每个像素都有相同的颜色位数。每个像素的颜色值用 1 位来存储的位图称为单色（monochrome）位图。

单色位图中每个像素的颜色值为 0 或 1，一般表示黑色和白色。每个像素的颜色值用 4 位来存储的位图可以表示 16 种颜色，用 8 位可以表示 256 种颜色，16 位可以表示 65536 种颜色。

3. MiniGUI 位图操作接口函数

1）位图文件的装载函数

通过 MiniGUI 的 LoadBitmap 函数组，可以将某种位图文件装载为 MiniGUI 设备相关的位图对象，即 BITMAP 对象。相关函数的原型如下（gdi. h）：

int GUIAPI LoadBitmapEx（HDC hdc，PBITMAP pBitmap，MG_RWops * area，const char * ext）；

int GUIAPI LoadBitmapFromFile（HDC hdc，PBITMAP pBitmap，const char * spFileName）；

int GUIAPI LoadBitmapFromMemory（HDC hdc，PBITMAP pBitmap，

void * mem，int size，const char * ext）；

♯define LoadBitmap LoadBitmapFromFile

void GUIAPI UnloadBitmap（PBITMAP pBitmap）；

int GUIAPI LoadMyBitmapEx（PMYBITMAP my_bmp，RGB * pal，MG_RWops * area，const char * ext）；

int GUIAPI LoadMyBitmapFromFile（PMYBITMAP my_bmp，RGB * pal，const char * file_name）；

int GUIAPI LoadMyBitmapFromMemory（PMYBITMAP my_bmp，RGB * pal，void * mem，int size，const char * ext）；

void GUIAPI UnloadMyBitmap（PMYBITMAP my_bmp）；

int GUIAPI ExpandMyBitmap（HDC hdc，PBITMAP bmp，const MYBITMAP * my_bmp，const RGB * pal，int frame）；

2）位块填充

MiniGUI 中用于位块填充的函数为 FillBoxWithBitmap 和 FillBoxWithBitmapPart 。FillBoxWithBitmap 用设备相关位图对象填充矩形框，可以用来扩大或者缩小位图；FillBoxWithBitmapPart 用设备相关位图对象的部分填充矩形框，也可以扩大或缩小位图。

3）loadbmp 流程

LoadBmpWinProc 窗口过程分析：

static int LoadBmpWinProc（HWND hWnd，int message，WPARAM wParam，LPARAM lParam）

```
{
    HDC hdc；
    switch （message） {
      case MSG_CREATE：
/ * 装载位图 * /
      if （LoadBitmap （HDC_SCREEN，&bmp，" bkgnd. bmp ")){
          printf("LoadBitmap error!!! \n!");
          return-1；
      }
      break；
    case MSG_PAINT：
```

```
        hdc=BeginPaint (hWnd);
```
/ * FillBoxWithBitmap 用图片填充背景,将位图缩放显示在窗口（0,0, 320, 240）的位置
上。 * /
```
        FillBoxWithBitmap (hdc, 0, 0, 320, 240, &bmp);
        Rectangle (hdc, 0, 0, 320, 240);
        EndPaint (hWnd, hdc);
        return 0;
    case MSG_CLOSE:
    printf("MSG_CLOSE:\n!!!");
/ * Unloads a bitmap * /
        UnloadBitmap (&bmp);
        DestroyMainWindow (hWnd);
        PostQuitMessage (hWnd);
        return 0;
    }
        return DefaultMainWinProc(hWnd, message, wParam, lParam);
}
```
编译正常并下载后,可以看到位图显示结果。

六、实验步骤

（1）编译 loadbmp. c,输入如下命令,生成一个可执行文件 loadbmp1。

[root@localhost src]# arm-linux-gcc-o loadbmp1 loadbmp. c-lpthread-lminigui

（2）将 loadbmp1 及 bkgnd. bmp(可以根据自己需要进行修改)拷贝到/nfs 下。

[root@localhost src]# cp loadbmp1 /nfs

[root@localhost src]# cp bkgnd. bmp /nfs

在开发板上运行可执行文件 loadbmp1

/ # ./loadbmp1

便可以看到位图显示结果了。

实验 11 嵌入式数据库 SQLite 实验

一、实验目的

1. 了解嵌入式数据库 SQLite 的原理、目标、特点等；
2. 熟悉嵌入式数据库 SQLite 的移植，为以后的开发打下基础。

二、实验设备

硬件：UB4020EVB 开发板、交叉网线、PC 机奔腾 4 以上，硬盘 10 GB 以上；

软件：PC 机操作系统 Fedra 7.0＋Linux SDK 3.1＋AMRLINUX 开发环境。

三、实验内容

1. 理解嵌入式数据库 SQLite 的原理、目标、特点等。
2. 掌握嵌入式数据库 SQLite 的测试及程序编写。

四、预备知识

1. 了解嵌入式数据库 SQLite 的原理。
2. 熟悉嵌入式 Linux 下各种命令的使用。

五、实验原理

SQLite 是一个采用 C 语言开发的嵌入式数据库引擎。SQLite 的最新版本是 3.3.8，在不至于引起混淆的情况下，本文也将其简称为 SQLite3。数据库的目标是实现对数据的存储、检索等功能。传统的数据库产品除提供了基本的查询、添加、删除等功能外，也提供了很多高级特性，如触发器、存储过程、数据备份恢复等。但实际上用到这些高级功能的时候并不多，应用中频繁用到的还是数据库的基本功能。于是，在一些特殊的应用场合，传统的数据库就显得过于臃肿了。在这种情况下，嵌入式数据库开始崭露头角。嵌入式数据库是一种具备了基本数据库特性的数据文件，它与传统数据库的区别是：嵌入式数据库采用程序方式直接驱动，而传统数据库则采用引擎响应方式驱动。嵌入式数据库的体积通常都很小，这使得嵌入式数据库常常应用在移动设备上。由于性能卓越，所以在高性能的应用上也经常见到 嵌入式数据库的身影。SQLite 是一种嵌入式数据库。SQLite 的目标是尽量简单，因此它抛弃了传统企业级数据库的种种复杂特性，只实现那些对于数据库而言非常必要的功能。尽管简单性是 SQLite 追求的首要目标，但是其功能和性能都非常出色。它具有这样一些特点：

● 支持 ACID 事务（ACID 是 Atomic、Consistent、Isolated、Durable 的缩写）；

● 零配置，不需要任何管理性的配置过程；

● 实现了大部分 SQL92 标准；

● 所有数据存放在一个单独的文件之中，支持的文件大小最高可达 2 TB；

● 数据库可以在不同字节序的机器之间共享；

● 体积小，在去掉可选功能的情况下，代码体积小于 150 KB，即使加入所有可选功能，代码大小也不超过 250 KB；

● 系统开销小，检索效率高，执行常规数据库操作时速度比客户/服务器类型的数据库快；简单易用的 API 接口；

● 可以和 Tcl、Python、C/C++、Java、Ruby、Lua、Perl、PHP 等多种语言绑定；

● 自包含，不依赖于外部支持；良好注释的代码；

● 代码测试覆盖率达 95％以上；

● 开放源码，可以用于任何合法用途。

由于这样一些杰出的优点,SQLite 获得了由 Google 与 O'Reilly 举办的 2005 Open Source Award!

由于 SQLite 具有功能强大、接口简单、速度快、占用空间小这样一些特殊的优点,因此特别适合于应用在嵌入式环境中。SQLite 在手机、PDA、机顶盒等设备上已获得了广泛应用。

六、实验步骤

首先从 http://sqlite.org 下载 SQLite 3.3.8。本文中假设将 sqlite-3.3.8.tar.gz 下载到/root 目录下。然后,通过下列命令解压缩 sqlite-3.3.8.tar.gz 并将文件和目录从归档文件中解压出来:

[root@localhost ~]# tar zxvf sqlite-3.3.8.tar.gz

解压抽取完成之后将会在/root 目录下生成一个 sqlite-3.3.8/子目录,在该目录中包含了编译所需要的所有源文件和配置脚本。SQLite3 的所有源代码文件都位于 sqlite-3.3.8/src/目录下。

与在 PC 环境下编译 SQLite3 不同,不能通过 sqlite-3.3.8/目录下的 configure 脚本来生成 Makefile 文件。而是必须手动修改 Makefile 文件。在 sqlite-3.3.8/目录下有一个 Makefile 范例文件 Makefile.linux gcc。

首先通过下面的命令拷贝此文件并重命名为 Makefile:

[root@localhost ~]# cd sqlite-3.3.8

[root@localhost sqlite-3.3.8]#cp Makefile.linux-gcc Makefile

接下来,用 gedit 打开 Makefile 文件并手动修改 Makefile 文件的内容。

[root@localhost sqlite-3.3.8]#gedit Makefile

找到 Makefile 文件中的下面这样一行:

TOP=../sqlite

将其修改为:

TOP=.

找到下面这样一行:

TCC=gcc-O6

将其修改为:

TCC=arm-linux-gcc-O6

找到下面这样一行:

AR=ar cr

将其修改为:

AR=arm-linux-ar cr

找到下面这样一行:

RANLIB=ranlib

将其修改为:

RANLIB=arm-linux-ranlib

找到下面这样一行:

MKSHLIB=gcc-shared

将其修改为:

MKSHLIB=arm-linux-gcc-shared

注释掉下面这一行:

TCL_FLAGS=-I/home/drh/tcltk/8.4linux

注释掉下面这一行:

LIBTCL=/home/drh/tcltk/8.4linux/libtcl8.4g.a-lm-ldl

　　原则上,对 Makefile 的修改主要包括两个方面:首先是将编译器、归档工具等换成交叉工具链中的对应工具,比如,gcc 换成 arm-linux-gcc,ar 换成 ar-linux-ar,ranlib 换成 arm-linux-ranlib 等等;其次是去掉与 TCL 相关的编译选项,因为默认情况下,将会编译 SQLite3 的 Tcl 语言绑定,但是在移植到 ARM-Linux 的时候并不需要,因此将两个与 TCL 有关的行注释掉。

　　对 Makefile 的所有修改总结如下所示。

　　TOP=../sqlite

　　TOP=.

　　73 行

　　TCC=gcc-O6

　　TCC=arm-linux-gcc-O6

　　81 行

　　AR=ar cr

　　AR=arm-linux-ar cr

　　83 行

　　RANLIB=ranlib

　　RANLIB=arm-linux-ranlib

　　86 行

　　MKSHLIB=gcc-shared

　　MKSHLIB=arm-linux-gcc-shared

　　96 行

　　TCL_FLAGS=-I/home/drh/tcltk/8.4linux

　　#TCL_FLAGS=-I/home/drh/tcltk/8.4linux

　　103 行

　　LIBTCL=/home/drh/tcltk/8.4linux/libtcl8.4g.a-lm-ldl

　　#LIBTCL=/home/drh/tcltk/8.4linux/libtcl8.4g.a-lm-ldl

　　接下来,还需要修改的一个的文件是 main.mk,因为 Makefile 包含了这个文件。找到这个文件中的下面一行:

　　select.o table.o tclsqlite.o tokenize.o trigger.o \

　　把它替换成:

　　select.o table.o tokenize.o trigger.o \

　　也就是把该行上的 tclsqlite.o 去掉。这样编译的时候将不会编译 SQLite3 的 Tcl 语言绑定。

　　自此,修改工作就完成了,接下来就可以开始编译 SQLite3 了,这通过 make 命令即可完成:

　　[root@localhost sqlite-3.3.8]# make

　　编译完成之后,将在 sqlite3.3.8/目录下生成库函数文件 libsqlite3.a 和头文件 sqlite3.h 以及 sqlite3,这就是所需要的三个文件了。

　　程序测试:

　　这里以 SQLite 官方站点 http://sqlite.org 的 quick start 文档中的测试程序为例对移植到 ARM-Linux 上的 SQLite3 进行测试。

　　测试一:该程序清单如下:

　　#include <stdio.h>

　　#include <sqlite3.h>

```
static int callback(void * NotUsed, int argc, char * * argv, char * * azColName)
{
    int i;

    for (i=0; i < argc; i++)
    {

  printf("%s=%s\n", azColName[i], argv[i]? argv[i] : "NULL");

    }
    printf("\n");
    return 0;
}

int main(int argc, char * * argv)
{
    sqlite3 * db;
    char * zErrMsg=0;
    int rc;

    if (argc ! =3)
    {

fprintf(stderr, "Usage: %s DATABASE SQL-STATEMENT\n", argv[0]);
exit(1);

    }
rc=sqlite3_open(argv[1], &db);

if (rc)
    {

fprintf(stderr, "Can't open database: %s\n", sqlite3_errmsg(db));
sqlite3_close(db);
exit(1);

    }
rc=sqlite3_exec(db, argv[2], callback, 0, &zErrMsg);

if (rc ! =SQLITE_OK)
    {
```

```
fprintf(stderr, "SQL error：%s\n", zErrMsg);
sqlite3_free(zErrMsg);


      }



    sqlite3_close(db);
    return 0;
}
```

1. 将此源程序保存为 test.c,然后,通过如下命令编译该程序:

[root@localhost sqlite-3.3.8]# arm-linux-gcc-I /root/sqlite-3.3.8/-L /root/sqlite-3.3.8-o test test.c-lsqlite3

上述编译命令中:

● -I /root/sqlite-3.3.8 指明了头文件 sqlite3.h 所在的目录;
● -L /root/sqlite-3.3.8 指定了库函数文件 libsqlite3.a 所在的目录;
● -o test 指定编译生成的文件名为 test,test.c 是源程序文件;
● -lsqlite3 指明要链接静态库文件 libsqlite3.a。

编译完成后,可以通过 NFS 或者 tftp 将 test 下载到 UB4020EVB 开发板上,通过 ls 命令可以看到 test 的大小只有 300K 左右:

[root@Sitsang2 root]$ ll-h test

-rwxr-xr-x 1 root root 323.5k Jan1 00:07 test

接下来就可以测试 test 程序了。test 程序接受两个参数:第一个参数为数据库文件名,第二个参数为要执行的 SQL 语句。程序中与 SQLite3 的 API 相关的地方主要有四个:第 27 行的 sqlite3_open(),第 33 行的 sqlite3_exec(),第 30 行和第 38 行的 sqlite3_close(),第 36 行的 sqlite3_free()。关于 SQLite3 的 API 接口请参阅相关文献。

2. 将可执行文件 test 拷贝到根文件系统 nfs 下。

[root@localhost sqlite-3.3.8]#cp test /nfs

3. 开发板上电开启,进入文件系统。

下面是测试 test 程序的完整过程,(注意的是如果命令较长,每一个命令都可分成了多行输入,这样看起来要清楚一些)。

4. 建立名为 wenruyou.db 的数据库文件和 tbl0 数据表,表中包含两个字段,字段 name 是一个变长字符串,字段 number 的类型为 smallint,如下:

/ #./test wenruyou.db "create table tbl0(name varchar(10), number smallint);"

向数据库的 tbl0 表中插入了两条记录('cyc',1)和('dzy',2);

/ #./test wenruyou.db "insert into tbl0 values('cyc', 1);"

/ #./test wenruyou.db "insert into tbl0 values('dzy', 2);"

查询表 tbl0 中的所有内容,与预期的一样,这条命令打印除了数据库中的两条刚插入的记录:

/ #./test wenruyou.db "select * from tbl0;"

name=cyc

number=1

name=dzy

number=2

由此可以得出结论，这几条命令确实都已经按照预期的目标工作了。

同时，在向数据库中插入上面所示的数据之后，可以看到数据库文件 wenruyou. db 大小已经发生了变化：

［root@Sitsang2 root］$ ll-h wenruyou. db

-rw-r--r--1 root root 2.0k Jan1 00:18 wenruyou. db

此时数据库文件 wenruyou. db 的大小为 2K。自此，SQLite3 数据库在 UB4020EVB 开发板上移植完成。测试结果表明数据库能够正常工作。以上步骤过程如图 4.83 所示：

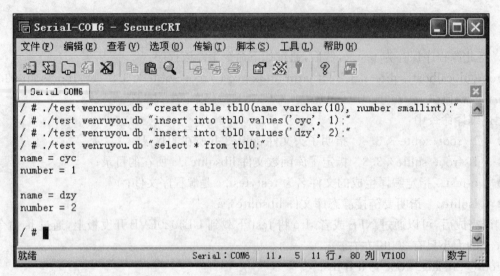

图 4.83　测试一过程

测试二：自动生成的 sqlite3

1. 将 sqlite3 拷贝到根文件系统 nfs 的 bin 下：

［root@localhost sqlite-3.3.8］# cp sqlite3 /nfs/bin

2. 加电并启动开发板，文件系统启动后，进入 bin：

/ # cd bin/

3. 执行"sqlite3 wry. db"，结果如图 4.84 所示。

/ tmp # sqlite3 wry. db

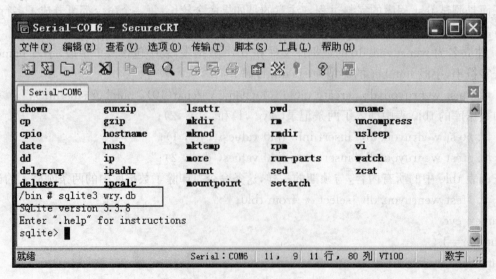

图 4.84

4. 此时,执行". tables",没有输出,因为现在还没有建表。

/tmp # . tables

5. 下面演示用 SQL 语句建立一张表。输入"create table yihan(name varchar(10),age small-int);",如图 4.85 所示。

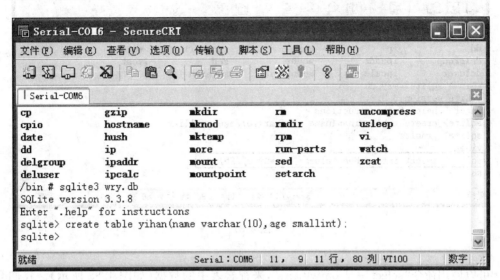

图 4.85

6. 现在执行". tables",就会看到刚才创建的表了,如图 4.86 所示。

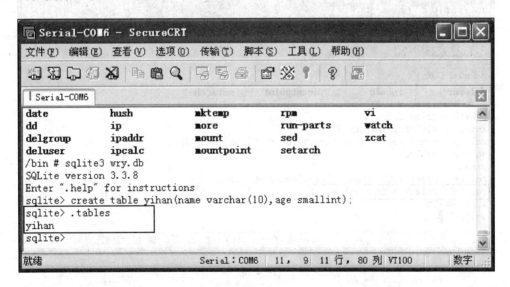

图 4.86

7. 我们向刚创建的 yihan 表中添加数据,使用命令"insert into yihan values("wenruyou",25);"如图 4.87 所示。

sqlite> insert into yihan values("wenruyou",25);

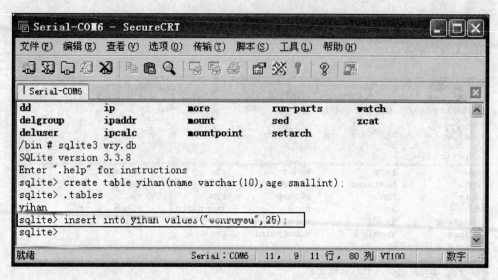

图 4.87

8. 可以使用命令"select ＊ from yihan；"，来查看表中的数据（如图 4.88 所示）。我们会发现刚才插入的数据显示出来了。

sqlite＞ select ＊ from yihan；

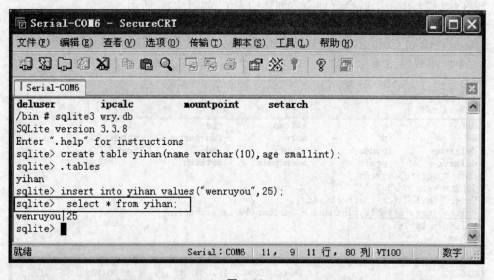

图 4.88

9. 执行"．quit"，退出 SQLite（图 4.89）。

sqlite＞．quit

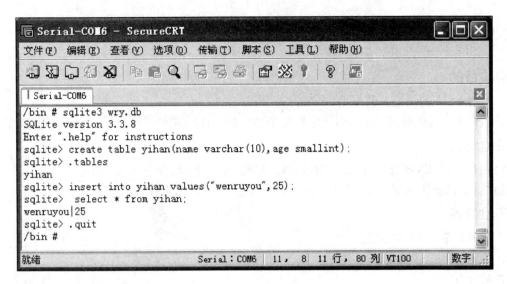

图 4.89

10. 至此,两种 SQLite 程序测试完毕。

实验 12　嵌入式 WEB 服务器 BOA 实验

一、实验目的

1. 了解 BOA 的功能及其作用；
2. 结合本实验能够移植 BOA，并掌握整个系统的工作原理和流程。

二、实验设备

硬件：UB4020EVB 开发板、交叉网线、PC 机奔腾 4 以上、硬盘 10 GB 以上；

软件：PC 机操作系统 Fedra 7.0＋Linux SDK 3.1＋AMRLINUX 开发环境。

三、实验内容

1. 实现简单 BOA 的移植。
2. 实现简单 CGI 测试。

四、预备知识

1. 了解嵌入式 Web 服务器有 BOA 的原理及功能。
2. 掌握 Linux 下交叉编译器及常用命令的使用。

五、实验原理

随着 Internet 技术的兴起，在嵌入式设备的管理与交互中，基于 Web 方式的应用成为目前的主流，这种程序结构也就是大家非常熟悉的 B/S 结构，即在嵌入式设备上运行一个支持脚本或 CGI 功能的 Web 服务器，能够生成动态页面，在用户端只需要通过 Web 浏览器就可以对嵌入式设备进行管理和监控，非常方便实用。本节主要介绍这种应用的开发和移植工作。

用户首先需要在嵌入式设备上成功移植支持脚本或 CGI 功能的 Web 服务器，然后才能进行应用程序的开发。

由于嵌入式设备资源一般都比较有限，并且也不需要能同时处理很多用户的请求，因此不会使用 Linux 下最常用的如 Apache 等服务器，而需要使用一些专门为嵌入式设备设计的 Web 服务器，这些 Web 服务器在存储空间和运行时所占有的内存空间上都会非常适合于嵌入式应用场合。

典型的嵌入式 Web 服务器有 BOA(www. boa. org)和 THTTPD(http：//www. acme. com/software/thttpd/)等，它们和 Apache 等高性能的 Web 服务器主要的区别在于它们一般是单进程服务器，只有在完成一个用户请求后才能响应另一个用户的请求，而无法并发响应，但这在嵌入式设备的应用场合里已经足够了。

BOA 是一个非常小巧的 Web 服务器，可执行代码只有约 60 KB。它是一个单任务 Web 服务器，只能依次完成用户的请求，而不会 fork 出新的进程来处理并发连接请求。BOA 支持 CGI，能够为 CGI 程序 fork 出一个进程来执行。Boa 的设计目标是速度和安全，在其站点公布的性能测试中，BOA 的性能要好于 Apache 服务器。

六、实验步骤

1. 在/home 目录下建立 boa 文件夹

［root@localhost home］# mkdir boa

2. 下载官方源码到 BOA 文件夹，并解压，得到 boa-0. 94. 13

［root@localhost boa］# tar-zxvf boa-0. 94. 13. tar. gz

3. 进入. /boa-0. 94. 13/src，

［root@localhost boa］# cd boa-0. 94. 13/src

4. 运行. /configure，得到 Makefile

［root@localhost src］# ./configure

5. 修改 Makefile：（一定要改为 2.95.3，不然可能会编译不过去）

［root@localhost src］# gedit Makefile

将 CC＝gcc 改为：CC＝/usr/local/arm/2.95.3/bin/arm-linux-gcc

将 CPP＝gcc-E 改为：CPP＝/usr/local/arm/2.95.3/bin/arm-linux-gcc-E

保存后，退出。

6. 修改 boa.c 文件，如下：

［root@localhost src］# gedit boa.c

将此句注释掉，如下：

```
/* if (setuid(0) ! =-1) {
        DIE("icky Linux kernel bug!");
}
*/
```

7. 运行 make 进行编译，得到的可执行程序 boa。

［root@localhost src］# make

8. 文件瘦身（可选），将调试信息剥去，得到的最后程序只有约 60KB 大小。

［root@localhost src］# /usr/local/arm/2.95.3/bin/arm-linux-strip boa

9. 查看共享库（可以略过不做）

［root@localhost src］# arm-linux-readelf-d boa

10. 将 boa 拷贝到网络文件系统的/bin 目录下

［root@localhost src］# cp boa /nfs/bin

11. 将 boa.conf 拷贝到 nfs/etc/boa/下，在此，我们已经提供了一个修改好的 boa.conf，可把它直接拷贝过去，见源码。

其中，boa.conf 修改后的内容如下，您也可以将它直接拷贝过去，自行创建 boa.conf：

```
# Boa v0.94 configuration file
# File format has not changed from 0.93
# File format has changed little from 0.92
# version changes are noted in the comments
#
# The Boa configuration file is parsed with a lex/yacc or flex/bison
# generated parser.   If it reports an error, the line number will be
# provided; it should be easy to spot.   The syntax of each of these
# rules is very simple, and they can occur in any order.   Where possible
# these directives mimic those of NCSA httpd 1.3; I saw no reason to
# introduce gratuitous differences.


# $Id: boa.conf,v 1.25 2002/03/22 04:33:09 jnelson Exp $


# The "ServerRoot" is not in this configuration file.   It can be compiled
# into the server (see defines.h) or specified on the command line with
# the-c option, for example:
#
# boa-c /usr/local/boa
```

\# Port：The port Boa runs on.　The default port for http servers is 80.
\# If it is less than 1024，the server must be started as root.

Port 80

\# Listen：the Internet address to bind(2) to.　If you leave it out，
\# it takes the behavior before 0.93.17.2，which is to bind to all
\# addresses (INADDR_ANY).　You only get one "Listen" directive，
\# if you want service on multiple IP addresses，you have three choices：
\#　　1. Run boa without a "Listen" directive
\#　　　a. All addresses are treated the same；makes sense if the
addresses
\#　　　　are localhost，ppp，and eth0.
\#　　　b. Use the VirtualHost directive below to point requests to
different
\#　　　　files.　Should be good for a very large number of addresses
(web
\#　　　　hosting clients).
\#　　2. Run one copy of boa per IP address，each has its own
configuration
\#　　　with a "Listen" directive.　No big deal up to a few tens of
addresses.
\#　　　Nice separation between clients.
\# The name you provide gets run through inet_aton(3)，so you have to use
dotted
\# quad notation.　This configuration is too important to trust some DNS.

\#Listen 192.68.0.5

\#　User：The name or UID the server should run as.
\# Group：The group name or GID the server should run as.

User 0
\#Group nogroup
Group 0

\# ServerAdmin：The email address where server problems should be sent.
\# Note：this is not currently used，except as an environment variable
\# for CGIs.

\#ServerAdmin root@localhost

\# ErrorLog：The location of the error log file. If this does not start
\# with /, it is considered relative to the server root.
\# Set to /dev/null if you don't want errors logged.
\# If unset，defaults to /dev/stderr

\#ErrorLog /var/log/boa/error_log
\# Please NOTE：Sending the logs to a pipe (' | ')，as shown below，
\#   is somewhat experimental and might fail under heavy load.
\# "Usual libc implementations of printf will stall the whole
\#   process if the receiving end of a pipe stops reading. "
\#ErrorLog " | /usr/sbin/cronolog--symlink=/var/log/boa/error_log
/var/log/boa/error-％Y％m％d. log"

\# AccessLog：The location of the access log file. If this does not
\# start with /, it is considered relative to the server root.
\# Comment out or set to /dev/null (less effective) to disable
\# Access logging.

\#AccessLog /var/log/boa/access_log
\# Please NOTE：Sending the logs to a pipe (' | ')，as shown below，
\#   is somewhat experimental and might fail under heavy load.
\# "Usual libc implementations of printf will stall the whole
\#   process if the receiving end of a pipe stops reading. "
\#AccessLog   " | /usr/sbin/cronolog--symlink=/var/log/boa/access_log
/var/log/boa/access-％Y％m％d. log"

\# UseLocaltime：Logical switch.   Uncomment to use localtime
\# instead of UTC time
\#UseLocaltime

\# VerboseCGILogs：this is just a logical switch.
\#   It simply notes the start and stop times of cgis in the error log
\# Comment out to disable.

\#VerboseCGILogs

\# ServerName：the name of this server that should be sent back to
\# clients if different than that returned by gethostname+gethostbyname

ServerName jimmy

\# VirtualHost：a logical switch.
\# Comment out to disable.

```
# Given DocumentRoot /var/www, requests on interface 'A' or IP 'IP-A'
# become /var/www/IP-A.
# Example: http://localhost/ becomes /var/www/127.0.0.1
#
# Not used until version 0.93.17.2.  This "feature" also breaks commonlog
# output rules, it prepends the interface number to each access_log line.
# You are expected to fix that problem with a postprocessing script.

# VirtualHost

# DocumentRoot: The root directory of the HTML documents.
# Comment out to disable server non user files.

DocumentRoot /var/www

# UserDir: The name of the directory which is appended onto a user's home
# directory if a ~user request is recieved.

UserDir public_html

# DirectoryIndex: Name of the file to use as a pre-written HTML
# directory index.   Please MAKE AND USE THESE FILES.   On the
# fly creation of directory indexes can be _slow_.
# Comment out to always use DirectoryMaker

DirectoryIndex index.html

# DirectoryMaker: Name of program used to create a directory listing.
# Comment out to disable directory listings.   If both this and
# DirectoryIndex are commented out, accessing a directory will give
# an error (though accessing files in the directory are still ok).

DirectoryMaker /usr/lib/boa/boa_indexer

# DirectoryCache: If DirectoryIndex doesn't exist, and DirectoryMaker
# has been commented out, the the on-the-fly indexing of Boa can be used
# to generate indexes of directories. Be warned that the output is
# extremely minimal and can cause delays when slow disks are used.
# Note: The DirectoryCache must be writable by the same user/group that
# Boa runs as.

# DirectoryCache /var/spool/boa/dircache
```

KeepAliveMax: Number of KeepAlive requests to allow per connection
Comment out, or set to 0 to disable keepalive processing

KeepAliveMax 1000

KeepAliveTimeout: seconds to wait before keepalive connection times out

KeepAliveTimeout 10

MimeTypes: This is the file that is used to generate mime type pairs
and Content-Type fields for boa.
Set to /dev/null if you do not want to load a mime types file.
Do *not* comment out (better use AddType!)

MimeTypes /etc/mime.types

DefaultType: MIME type used if the file extension is unknown, or there
is no file extension.

DefaultType text/html

CGIPath: The value of the $PATH environment variable given to CGI
progs.

CGIPath /bin:/usr/bin:/usr/local/bin

SinglePostLimit: The maximum allowable number of bytes in
a single POST.   Default is normally 1 MB.

AddType: adds types without editing mime.types
Example: AddType type extension [extension ...]

Uncomment the next line if you want .cgi files to execute from anywhere
AddType application/x-httpd-cgi cgi

Redirect, Alias, and ScriptAlias all have the same semantics--they
match the beginning of a request and take appropriate action.   Use
Redirect for other servers, Alias for the same server, and ScriptAlias
to enable directories for script execution.

Redirect allows you to tell clients about documents which used to exist
in
your server's namespace, but do not anymore. This allows you to tell

the

\# clients where to look for the relocated document.

\# Example：Redirect /bar http：//elsewhere/feh/bar

\# Aliases：Aliases one path to another.

\# Example：Alias /path1/bar /path2/foo

Alias /doc /usr/doc

\# ScriptAlias：Maps a virtual path to a directory for serving scripts

\# Example：ScriptAlias /htbin/ /www/htbin/

ScriptAlias /cgi-bin/ /var/www/cgi-bin/

ScriptAlias /index. html /var/www/index. html

12. 创建一些必须的文件夹。

创建日志文件所在目录/nfs/var/log/boa（可以忽略）

［root@localhost nfs］# mkdir-p var/log/boa

创建 HTML 文档的主目录/nfs/var/www

［root@localhost nfs］# mkdir-p /var/www

13. 静态测试：

将网页放置在/nfs/var/www/目录下，笔者在此处放置的是 index. html 文档（默认文件名，文档内容可以根据需要来修改）。

14. 开发板加电，正常启动后，进入/bin，再输入 boa，如图 4.90 所示：

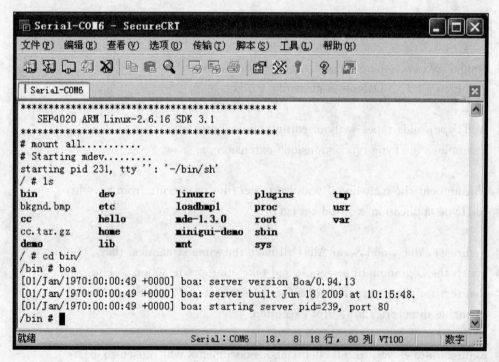

图 4.90

然后在地址栏里输入：http://192.168.0.2/（一般为开发板的 IP 地址），就会出现《如何看待金融危机》这篇文章，如图 4.91 所示。

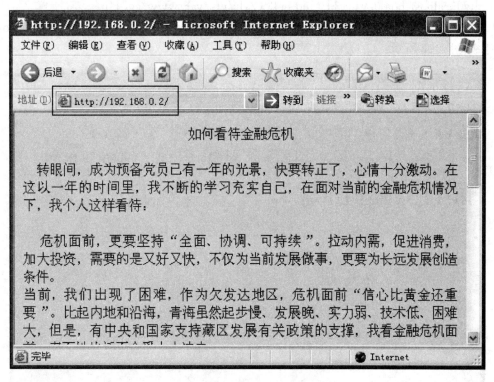

图 4.91

15. CGI 测试：

1）编写 HelloCGI. c 程序

[root@localhost boa-0.94.13]# gedit helloCGI. c

（主程序的程序开头一定要用 Tab,而不是空格,不然编译可能不通过）内容如下：

```
#include<stdio. h>
#include<stdlib. h>
int main(void)
{
    printf("Content-type: text/html\n\n");
    printf("<html>\n");
    printf("<head><title>CGI Output</title></head>\n");
    printf("<body>\n");
    printf("<h1>Hello,world. </h1>\n");
    printf("<body>\n");
    printf("</html>\n");
    exit(0);
}
```

2）交叉编译生成 CGI 程序

[root@localhost boa-0.94.13]# /usr/local/arm/2.95.3/bin/arm-linux-gcc-o helloCGI helloCGI. c

这时就在 boa-0.94.13 下生成了一个可执行文件 helloCGI。

3）将 helloCGI 拷贝至根文件系统 nfs/var/www/cgi-bin/下

［root@localhost boa-0.94.13］# cp helloCGI /nfs/var/www/cgi-bin/

4）测试。在浏览器中输入：http://192.168.0.2/cgi-bin/helloCGI 网页出现 Hello, world. 调试成功！如图 4.92 所示：

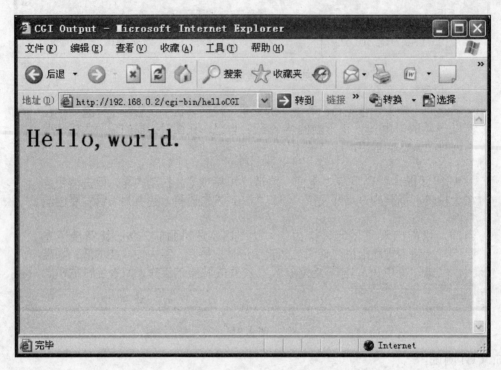

图 4.92

嵌入式 WEB 服务器在移植的过程中会出现许多错误，常见错误及解决方法见附录。

实验 13　CGI 应用实验

一、实验目的

1. 了解 CGI 的功能原理及其作用；
2. 结合本实验能够编写简单的 CGI 应用程序，并掌握整个系统的工作原理和流程。

二、实验设备

硬件：UB4020EVB 开发板、交叉网线、PC 机奔腾 4 以上，硬盘 10 GB 以上；

软件：PC 机操作系统 Fedra 7.0＋Linux SDK 3.1＋AMRLINUX 开发环境。

三、实验内容

1. 理解 CGI 的原理、功能、处理过程等；
2. 实现基于嵌入式 WEB 服务器 CGI 应用编程。

四、预备知识

1. 掌握 Linux 下交叉编译器及常用命令的使用；
2. 熟悉嵌入式 WEB 服务器 BOA 的原理及应用。

五、实验原理

1. CGI 的定义

CGI 全称是"公共网关接口"（Common Gateway Interface），HTTP 服务器与你的或其他机器上的程序进行"交谈"的一种工具，其程序须运行在网络服务器上。Common Gate Interface 听起来让人有些专业，我们就管它叫 CGI 好了。在物理上，CGI 是一段程序，它运行在 Server 上，提供同客户端 HTML 页面的接口。这样说大概还不好理解。那么我们看一个实际例子：现在的个人主页上大部分都有一个留言本。留言本的工作是这样的：先由用户在客户端输入一些信息，如名字之类的东西。接着用户按一下"留言"（到目前为止工作都在客户端），浏览器把这些信息传送到服务器的 CGI 目录下特定的 CGI 程序中，于是 CGI 程序在服务器上按照预定的方法进行处理。在本例中就是把用户提交的信息存入指定的文件中。然后 CGI 程序给客户端发送一个信息，表示请求的任务已经结束。此时用户在浏览器里将看到"留言结束"的字样，整个过程结束。

2. CGI 的功能

绝大多数的 CGI 程序被用来解释处理来自表单的输入信息，并在服务器产生相应的处理，或将相应的信息反馈给浏览器。CGI 程序使网页具有交互功能。

3. CGI 的处理过程

（1）通过 Internet 把用户请求送到服务器；

（2）服务器接收用户请求并交给 CGI 程序处理；

（3）CGI 程序把处理结果传送给服务器；

（4）服务器把结果送回到用户。

4. CGI 与 WebServer 信息传输与数据交换过程

CGI 有两种方法请求 Webserver 进行信息传输和数据交换：GET 和 POST。

1）POST 方法

（1）服务器把它从标准输入接收到的客户机数据发送给 CGI 程序，同时把 request_method 环境变量设置为 POST。而该 CGI 应用程序查询 request_method 环境变量，以确保其处于 POST 数据的状态。

（2）content_length 设置为输入数据量的字节数；

（3）content_type 设置为客户端发送数据的类型；

（4）读取 HTML 表单中具体的数据，即解码 URL 过程；

（5）信息处理。

2）GET 方法

（1）request_method 设置为 GET，而相应的 CGI 应用程序需要检查该环境变量以确保其处于接收 GET 数据状态。

（2）将服务器接收到的数据编码到环境变量 query_string（有些服务器使用 path_info）。

（3）CGI 程序读取 query_string 环境变量内容确定的数据之后，处理 HTML 表单中具体的数据。

注：采用 GET 方法提交的 HTML 表单数据的时候，客户机将把这些数据附加到由 action 标记命名的 URL 的末尾，用一个"？"把经过 URL 编码后的信息与 CGI 程序名字分开，同时 GET 方法所能传输的数据有限。

5. CGI 常用环境变量及分类

类型一：**Server-Specific** 环境变量

主要目的是描述与 CGI 程序所处的服务器的有关信息。

gateway_interface：指示服务器所支持的 CGI 接口的版本号，其格式为 CGI/版本号。

script_name：调用 CGI 程序时所使用的文件名，如/cgi-bin/hello.exe。

server_name：webserver 的主机名、别名或 ip 地址。

server_port：server 接收请求时所使用的端口号，并使用此端口监听 CGI 请求。

注：可在 CGI 程序中使用 server_name 和 server_port 构成一个 URL，指向驻留在 server 上的信息资源。

server_port_secure：接收 http 请求的服务器安全、加密端口。

server_protocol：用于发送请求的协议的名称和版本号，一般为 HTTP/1.1。

server_software：调用 CGI 程序的 http 服务器的版本号，一般为 HTTP/1.1。

server_admin：显示服务器网络管理员。

类型二：**Request-Specific** 环境变量

主要目的是描述与用户的 CGI 请求相关联的有关信息。

request_method：webserver 与 CGI 之间信息的传输方式，分 GET 和 POST 两种。

content_type：指示所传输信息的 MIME（通用 Internet 邮件扩充服务）类型。一般为 application/x-www-form-urlencoded，表示来自于 HTML 表单。

content_length：POST 方式时，从标准输入读到有效数据字节数，必须使用。

content_file：采用 windows.HTTPd/WinCGI 标准时，包含了用于传送数据的文件名。

query_string：GET 方式时，表示所传送的信息。

path_info：表示紧接着 CGI 程序名之后的其他路径信息，常作为 CGI 程序参数。

path_translated：仅由部分服务器支持，CGI 程序的完整路径名。

remote_host：提供已分解的发请求客户的主机名。

remote_ident：如果服务器和客户支持 rfc931，此变量将包含由远程用户的计算机提供的识别信息。

auth_type：若 webserver 支持保护 CGI 程序的验证机制，此环境变量的值就是验证机制的类型。

remote_user：如果 auth_type 被设置，此变量将包含用户提供并由服务器验证机制的用户名。

注：auth_type 和 remote_user 只有在用户被 server 成功地确认为合法用户后才被设置。

类型三：**Client-Specific** 环境变量

主要目的是描述与请求 CGI 程序的客户机的有关信息。

http_accept：提供由逗号分开的并被客户机所支持的 MIME 类型清单。

http_accept_encoding：客户机能接收的编码形式。

http_accept_language：客户机能接收的语言类型。

http_cookie：客户机内的 cookie 内容。

http_form：使用者发出请求的电子邮件信息。

http_referer：在读取 cgi 程序前，客户端所指的 URL。

http_user_agent：有关客户机浏览器的信息。

六、实验步骤

在做本实验之前，请先做一个蜂鸣器的驱动模块：sep4020_led. ko。

我们这里用 C 语言作为编程语言，编写一个简单的控制蜂鸣器响和不响的 CGI 程序。文件名字为：cgi_led. c，内容如下：

```c
#include <stdio. h>
#include <string. h>
#include <stdlib. h>
#include <fcntl. h>
#include <unistd. h>
#define DEVICE_NAME "/dev/sep4020_led"
#define LED_ON   1
#define LED_OFF 2
int main()
{    int fd;
    int led;
    char * data;
    data=getenv("QUERY_STRING");
    printf("Content-type：text/html\n\n");
    printf("<HTML>\n");
    printf("<HEAD>\n");          printf("<title>LED CGI TEST</title>\n");
    //printf("<META http-equiv=\"refresh\" content=\"0；URL=/fmqtest. html\">\n");
    printf("</HEAD>\n");
    printf("<body>\n");
    printf("<h1>LED CGI TEST</h1>\n");
    fd=open(DEVICE_NAME,O_RDONLY | O_NONBLOCK);
    if(fd < 0)
    {
        printf("fd file failed\n");
    }
    else
    {
        if(sscanf(data,"led=%d",&led)==1)
        {
```

```
            if(led==1)
            {
                    printf("<a href=\"cgi_led. cgi? led=0\">TurnOff</a>");
                    ioctl(fd,LED_ON);
            }
            else
            {
                if(led==0)
                {
                    ioctl(fd,LED_OFF);
                }
                printf("<a href=\"cgi_led. cgi? led=1\">TurnOn</a>");
            }
        }
        close(fd);
    }
    printf("</body></HTML>\n");
    exit(0);
}
```

好了,程序编写完成,接着进行编译。

[root@localhost cgi-bin]#/usr/local/arm/2. 95. 3/bin/arm-linux-gcc-o cgi_led. cgi cgi_led. c

注意:这里必须要编译成. cgi 后缀。

由于,我们这里要用到 led 的驱动,所以在开启 webserver 之前还需要加载 led 的驱动,如图 4.93 所示。

/#mknod /dev/sep4020_led c 253 0/ * 这里需要根据驱动的具体情况建立节点 * /

/#insmod sep4020_led. ko

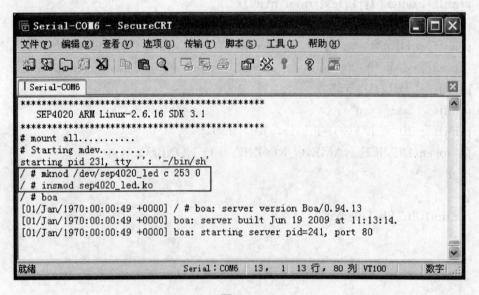

图 4.93

最后开启 webserver,我们就可以通过网页来控制开发板上的蜂鸣器了,如图 4.94 所示。

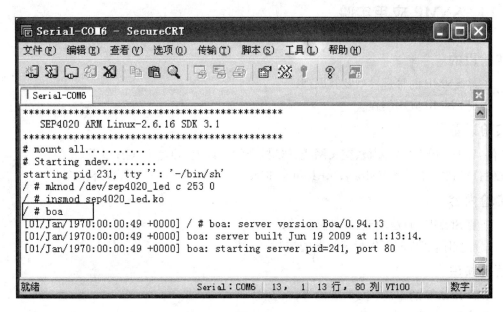

图 4.94

在 PC 网页浏览器里调入 CGI 的 URL(一般是 http://BoardIP/cgi-bin/led.cgi? led=0)就可以访问该 CGI 并且可以控制蜂鸣器的响和不响了,当点击[TurnOn]时,就会出声音,如图 4.95 所示。在此输入:http://192.168.0.2/cgi-bin/cgi_led.cgi? led=0

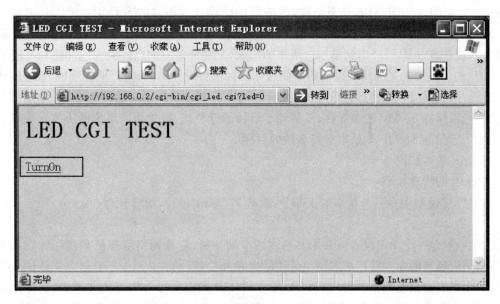

图 4.95

实验 14　SNMP 应用实验

一、实验目的

1. 了解 SNMP 的管理模型及其原理；
2. 实现 SNMP 应用编程。

二、实验设备

硬件：UB4020EVB 开发板、交叉网线、PC 机奔腾 4 以上，硬盘 10 GB 以上；

软件：PC 机操作系统 Fedra 7.0+Linux SDK 3.1+AMRLINUX 开发环境。

三、实验内容

1. 理解 SNMP 协议、功能、处理过程等；
2. 编写程序，实现对开发板蜂鸣器的控制。

四、预备知识

1. 了解 SNMP 的组成、原理、架构等；
2. 熟悉 Linux 命令的使用。

五、实验原理

SNMP(Simple Network Management Protocol，简单网络管理协议)的前身是简单网关监控协议(SGMP)，用来对通信线路进行管理。随后，人们对 SGMP 进行了很大的修改，特别是加入了符合 Internet 定义的 SMI 和 MIB 体系结构，改进后的协议就是著名的 SNMP。SNMP 的目标是管理互联网 Internet 上众多厂家生产的软硬件平台，因此 SNMP 受 Internet 标准网络管理框架的影响也很大。现在 SNMP 已经出到第三个版本的协议，其功能较以前已经大大地加强和改进了。

SNMP 的体系结构是围绕着以下四个概念和目标进行设计的：保持管理代理(agent)的软件成本尽可能低；最大限度地保持远程管理的功能，以便充分利用 Internet 的网络资源；体系结构必须有扩充的余地；保持 SNMP 的独立性，不依赖于具体的计算机、网关和网络传输协议。在最近的改进中，又加入了保证 SNMP 体系本身安全性的目标。

1. SNMP 基本知识

1) SNMP 的管理模型

SNMP 管理模型中有三个基本组成部分：管理者(Manager)，被管代理(Agent)和管理信息库(MIB)。

管理站一般是一个单机设备或一个共享网络中的一员，它是网络管理员和网络管理系统的接口，能将网络管理员的命令转换成对网络元素的监视和控制，同时从网上所有被管实体的 MIB (管理信息库)中提取出信息数据。管理者可以通过 SNMP 操作直接与管理代理通信，获得即时的设备信息，对网络设备进行配置管理或者操作；也可以通过对数据库的访问获得网络设备的历史信息，以决定网络配置变化等操作。

SNMP 管理代理指的是用于跟踪监测被管理设备状态的特殊软件或硬件，每个代理都拥有自己本地的 MIB。实际上，SNMP 的管理任务是移交给管理代理来执行的。代理翻译来自管理站的请求，验证操作的可执行性，通过直接与相应的功能实体通信来执行信息处理任务，同时向管理站返回响应信息。

管理信息库(MIB)信息为网管中被管资源，而网络管理中的资源是以对象表示的，每个对象表示被管资源的某方面属性，这些对象形成了 MIB 库。每个 MIB 变量记录了每个相连网络的状态、

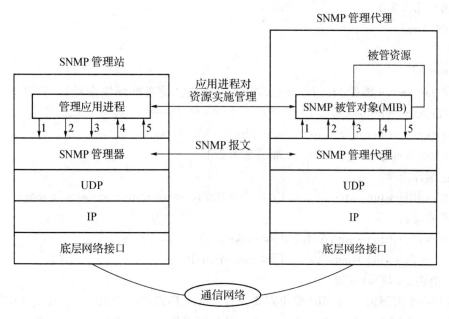

图 4.96 管理者模型

通信量统计数据、发生差错的次数以及内部数据结构的当前内容等。网络管理者通过对 MIB 库的存取访问,来实现管理功能。

2) SNMP 报文种类

SNMP 代理和管理站通过 SNMP 协议中的标准消息进行通信,每个消息都是一个单独的数据报。SNMP 使用 UDP(用户数据报协议)作为第四层协议(传输协议),进行无连接操作。SNMP 规定了 5 种协议消息(也就是 SNMP 报文),用来在管理进程和代理之间的交换。

Get-Request、Get-Next-Request 与 Get-Response

SNMP 管理站用 Get-Request 消息从拥有 SNMP 代理的网络设备中检索信息,而 SNMP 代理则用 Get-Response 消息响应。Get-Next-Request 用于和 Get-Request 组合起来查询特定的表对象中的列元素。

Set-Request:

SNMP 管理站用 Set-Request 可以对网络设备进行远程配置(包括设备名、设备属性、删除设备或使某一个设备属性有效/无效等)。

Trap:

SNMP 代理使用 Trap 向 SNMP 管理站发送非请求消息,一般用于描述某一事件的发生。

前面的 Request 操作是由管理进程向代理进程发出的,后面的 Response 和 Trap 操作是代理进程发给管理进程的,为了简化起见,前面 3 个操作今后叫做 get、get-Next 和 set 操作。在代理进程端是用熟知端口 161 接收 get 或 set 报文,而在管理进程端是用熟知端口 162 来接收 trap 报文。

六、实验步骤

在 SEP4020 测试中,可以使用 snmp 工具检测管理信息库 MIB 中自带的信息,比如 system 信息;还可以自定义 MIB 模块文件,实现所需的管理功能。这里以管理蜂鸣器和响停为例。

开发环境:

代理站:

OS:linux

Arm-linux-gcc:3.4.1

net-snmp:5.4.2.1

SEP4020 arm7

管理站：

Windows XP

1. 安装 net-snmp(确保 arm-linux-gcc 安装成功并已设置好环境变量)。将其下载到/home下，解压后，进入 net-snmp-5.4.2.1。

[root@localhost home]# tar-xvf net-snmp-5.4.2.1.tar

[root@localhost home]# cd net-snmp-5.4.2.1

2. 配置编译选项

[root@localhost net-snmp-5.4.2.1]#./configure--with-mib-modules="agentx"

3. 编译并安装

[root@localhost net-snmp-5.4.2.1]#make

[root@localhost net-snmp-5.4.2.1]#make install

自定义模块 get 与 set 实现

(1) 编写一个需要加入的 MIB 模块定义文件：EM-LEDTEST-MIB.txt。编写 MIB 模块定义文件的语法，由 SNMP 协议中 SMI 部分描述。SMI 所采用的是 ASN.1 的一个子集。具体的描述参见相应的 RFC 文档。

MIB 模块定义文件如下：

EM-LEDTEST-MIB DEFINITIONS ::=BEGIN

IMPORTS

　　　enterprises,OBJECT-TYPE,Integer32,Counter32,TimeTicks

　　　　　FROM SNMPv2-SMI

　　　TEXTUAL-CONVENTION,　　　RowStatus FROM SNMPv2-TC;

ledtest OBJECT IDENTIFIER ::={ enterprises 100}

ledvalue OBJECT-TYPE

　　　SYNTAX　　　　INTEGER

　　　MAX-ACCESS　　read-write

　　　STATUS　　　　current

　　　DESCRIPTION

　　　　"This is a simple led test . It does nothing more than

　　　　　return its current value, and changes values only when set by

　　　　　an incoming SNMP set request. "

　　　::={ ledtest 1 }

ledvalueSinceChanged OBJECT-TYPE

　　　SYNTAX TimeTicks

　　　UNITS "1/100th Seconds"

　　　MAX-ACCESS read-only

　　　STATUS current

　　　DESCRIPTION

　　　　"This object indicates the number of 1/100th seconds since the

ledvalue object has changed. If it is has never been
modified, it will be the time passed since the start of the
agent. "

  ::=｛ ledtest 2 ｝

END

该 MIB 定义文件在 MIB 树 iso. org. dod. internet. private. enterprises 上定义了一个子树 ledt-
est，该对象包含两个变量 ledvalue 和 ledvalueSinceChanged。其中 ledvalue 为整数类型，可读写。
ledvalueSinceChanged 为时间类型，只读，记录 ledvalue 变量自上次修改到现在的时间值。我们的
目的是在代理程序中加入这个模块，并能通过工具程序获得或设置变量的值。

在/usr/local/share/snmp 下建立一个 snmp. conf 文件，内容为：

mibs ＋ALL

（2）通过工具 mib2c 生成 C 代码。将上面的 MIB 定义文件拷贝到目录/usr/local/share/
snmp/mibs 下。然后，以如下命令运行 mib2c 工具：

［root@localhost local］♯ mib2c EM-LEDTEST-MIB. txt ledtest

中间会出现一个选项：

     1）ucd-snmp style code

     2）Net-SNMP style code

我们选择 1，如下：

Select your choice：1

生成如下：

```
* * * * * * * * * * * * * * * * * * * * * * * * * * * * * * * * * * * * * * *
* * * * * * * * * * * * * * * * * * * * * * * * * * * * *
  * NOTE WELL：The code generated by mib2c is only a template.   * YOU *   *
  * must fill in the code before it'll work most of the time.   In many *
  * cases, spots that MUST be edited within the files are marked with  *
  * / * XXX * / or / * TODO * / comments.                              *
    * * * * * * * * * * * * * * * * * * * * * * * * * * * * * * * * * * * * *
* * * * * * * * * * * * * * * * * * * * * * * * * * * * *
running indent on ledtest. h
running indent on ledtest. c
```

注意：ledtest 为 MIB 文件中一个对象，在当前目录下生成两个文件：ledtest. h 和 ledtest. c。

（3）对 ledtest. c 文件修改并增加读写功能，修改文件如下：

```
/ *
 * Note：this file originally auto-generated by mib2c using
 *         ： mib2c. old-api. conf 14476 2006-04-18 17：36：51Z hardaker $
 * /
♯ include ＜net-snmp/net-snmp-config. h＞
♯ include ＜net-snmp/net-snmp-includes. h＞
♯ include ＜net-snmp/agent/net-snmp-agent-includes. h＞
♯ include "ledtest. h"
♯ include ＜stdio. h＞
// ♯ include ＜sys/ioctl. h＞
```

```
/*
 * ledtest_variables_oid:
 *   this is the top level oid that we want to register under.   This
 *   is essentially a prefix, with the suffix appearing in the
 *   variable below.
 */
oid   ledtest_variables_oid[]={ 1, 3, 6, 1, 4, 1, 100 };
static int ledvalue1=2;
static time_t lastChanged=0;
/*
 * variable4 ledtest_variables:
 *   this variable defines function callbacks and type return information
 *   for the ledtest mib section
 */
struct variable2 ledtest_variables[]={
#define LEDVALUE                1
    {LEDVALUE, ASN_INTEGER, RWRITE, var_ledtest, 1, {1}},
#define LEDVALUESINCECHANGED            2
    {LEDVALUESINCECHANGED, ASN_TIMETICKS, RONLY, var_ledtest, 1, {2}},
};
void
init_ledtest(void)
{
    DEBUGMSGTL(("ledtest", "Initializing\n"));
    REGISTER_MIB("ledtest", ledtest_variables, variable2,
            ledtest_variables_oid);
    lastChanged=time(NULL);
}
unsigned char   * var_ledtest(struct variable * vp,
                    oid * name,
                    size_t * length,
                    int exact, size_t * var_len,
WriteMethod * * write_method)
{
    static long long_ret;
    static int fd=0;
    static int buff[1]={0};
    if (header_generic(vp, name, length, exact, var_len, write_method)
        ==MATCH_FAILED)
        return NULL;
    /*
     * this is where we do the value assignments for the mib results.
```

```
*/
    switch (vp->magic) {
    case LEDVALUE:
        fd=open("/dev/led",0);      /* 打开设备 */
        if(fd==-1)
        {
            printf("wrong\r\n");
            exit(-1);
        }
        printf("open is over\n");
        read(fd,buff,1);               /* 读取 led 设备的值 */
        ledvalue1=buff[0];
        close(fd);                      /* 关闭设备 */
        * write_method=write_ledvalue;
        return  (u_char *) & ledvalue1;
case LEDVALUESINCECHANGED:
        long_ret=(time(NULL)-lastChanged) * 100;
        * var_len=sizeof(long_ret);
        return (unsigned char *) &long_ret;
default:
        ERROR_MSG("");
    }
    return NULL;
}
int   write_ledvalue(int action,
            u_char *  var_val,
            u_char var_val_type,
            size_t var_val_len,
            u_char *  statP, oid *  name,
size_t name_len)
{
#define MAX_LEDVALUE 3
    static long       intval;
    static long       old_intval;
    static int fb=0;
    fb=open("/dev/led",0);
    if(fb==−1)
    {
        printf("test wrong\r\n");
        exit(−1);
    }
printf("open is over\n");
```

```
        switch (action) {
        case RESERVE1:
            if (var_val_type ! =ASN_INTEGER) {
                fprintf(stderr, "write to ledtest not ASN_INTEGER\n");
                return SNMP_ERR_WRONGTYPE;
            }
            if (var_val_len > sizeof(long)) {
                fprintf(stderr, "write to ledtest: bad length\n");
                return SNMP_ERR_WRONGLENGTH;
            }
            intval= * ((long * ) var_val);
            if (intval > MAX_LEDVALUE ) {
                fprintf(stderr, "write to ledtest: bad value\n");
                return SNMP_ERR_WRONGLENGTH;
            }
            break;
        case RESERVE2:
            break;
        case FREE:
            break;
        case ACTION:
            old_intval=ledvalue1;
            ioctl(fb,intval,0);              / * 对 led 设备进行设值 * /
            ledvalue1=intval;
            break;
        case UNDO:
            / *
             * Back out any changes made in the ACTION case
             * /
            ledvalue1=   old_intval ;
            break;
        case COMMIT:
            lastChanged=time(NULL);
            break;
        }
        close(fb);
        return SNMP_ERR_NOERROR;
}
```

（4）交叉编译并安装

在 Linux 环境下，确保已下载 net-snmp，并确保 arm-linux-gcc 安装成功并已设置好环境变量。将 net-snmp 解压到根目录下，先将修改好的两个文件，ledtest. h 和 ledtest. c，拷贝到下载的 net-snmp 源代码目录下 agent/mibgroup 子目录中。进入 net-snmp 源码目录下（此处是 net-snmp-5.4.2.1,以下使用该目录代表源码目录）,配置编译选项,执行下列命令：

［root@localhost　　　　net-snmp-5.4.2.1］#./configure　　　--build=i686-linux　　　--host=arm-linux　　　CC=arm-linux-gcc　　--disable-ipv6　　--with-endianness=little　　--disable-manuals　　--disable-ucd-snmp-compatibility　　--enable-as-needed　　--disable-embedded-perl　　--without-perl-modules　　--disable-snmptrapd-subagent　　--disable-applications　　--disable-scripts　　LDFLAGS="-static"　　--with-mib-modules="ledtest"

注意：各配置选项含义可以使用./configure-help 来查看,可以添加自己需要的选项或者去掉不需要的选项,其中的 LDFLAGS="-static"将使最后生成的 snmpd 是静态的,里面已经包含了库文件；其中最后一项将 ledtest 加入到代理程序中。

配置完成后进行编译：

［root@localhost net-snmp-5.4.2.1］#make

可能会出现如下错误：

make［1］：＊＊＊［snmpd］错误 1

make［1］：Leaving directory `/home/net-snmp-5.4.2.1/agent'

make：＊＊＊［subdirs］错误 1

这是因为前面我们没有上网更新软件。

那么接下来,首先应该解决的问题是 Fedora 上网的问题,方法很多,其中一种较为有效的是：

Nat：和主机共享 ip,具体操作如下：

①在 Ethernet 选项中选择 NAT；

②打开终端,输入命令 hostname,得到的是你的主机名字,记录下来,这个后面要用到；

③进入系统->＞管理->＞网络,双击 ETH,在常规中选择,自动获取 IP 地址,并且是 DHCP, DHCP 设置中的主机名填入刚才得到的主机名,按确定。点击取消激活,然后激活；

④打开你的 Fedora 下浏览器,是不是能上网了？ ok!

能上网后,在 net-snmp-5.4.2.1 输入如下命令：

［root@localhost net-snmp-5.4.2.1］# yum install python

［root@localhost net-snmp-5.4.2.1］# yum install perl

更新完毕后,把以前 make 生成的中间文件删除,再次 make

［root@localhost net-snmp-5.4.2.1］#make

最后使用 make install 进行安装,将会在/usr/local/sbin 下生成 snmpd 可执行文件。

［root@localhost net-snmp-5.4.2.1］# make install

（5）配置 snmpd.conf 文件

将 net-snmp-5.4.2.1 源码下 EXAMPLE.conf.def 文件名修改为 snmpd.conf,并做如下修改：

```
#     sec.name    source            community
com2sec local     localhost         COMMUNITY
com2sec mynetwork NETWORK/24        COMMUNITY
```

改为：

```
#       sec.name   source            community
com2sec local      127.0.0.1         public
com2sec local      192.168.0.1       public
com2sec mynetwork 192.168.0.0/24     public
```

其中 192.168.0.1 为管理端的 IP。

（6）移植到目标开发板

将 snmpd 和 snmpd.conf 文件移到根文件系统/nfs 下，snmpd 文件上传到/nfs/usr/local/sbin 目录下（需要更改访问权限为可执行）：

［root@localhost sbin］# cp snmpd /nfs/usr/local/sbin/

将 snmpd.conf 文件上传到/nfs/usr/local/share/snmp/下（不存在的目录先要创建）：

［root@localhost net-snmp-5.4.2.1］# cp snmpd.conf /nfs/usr/local/sbin/

下面就可以运行此程序了，详见《SEP4020 Linux SDK 3.0 User Manual V3.0 Beta1》，61～66 页。

Trap 实现

Trap 的实现我们仍然以蜂鸣器为例，当蜂鸣器设置为 1（即响）时，代理端发 trap 到管理端；当蜂鸣器设置为 0（即不响）时，trap 的发送结束。为了简单起见，使用了源码 net-snmp-5.4.2.1/agent/mibgroup/examples 下 notification.c 和 notification.h，修改 notification.c 如下：

```
#include <net-snmp/net-snmp-config.h>
#include <net-snmp/net-snmp-includes.h>
#include <net-snmp/agent/net-snmp-agent-includes.h>
#include <stdio.h>
#include "notification.h"
void init_notification(void)
{
    DEBUGMSGTL(("example_notification",
            "initializing (setting callback alarm)\n"));
    snmp_alarm_register(30,        /* seconds */
                SA_REPEAT,          /* repeat (every 30 seconds). */
                send_example_notification,        /* our callback */
                NULL        /* no callback data needed */
    );
}
void send_example_notification(unsigned int clientreg, void * clientarg)
{
    /*
    * define the OID for the notification we're going to send
    * NET-SNMP-EXAMPLES-MIB::netSnmpExampleHeartbeatNotification
    */
    oid             notification_oid[]={ 1, 3, 6, 1, 4, 1, 8072, 2, 3, 0, 1 };
    size_t          notification_oid_len=OID_LENGTH(notification_oid);
    static u_long count=0;
    static int fm=0;
    static int buff[1]={0};
static int value=0;

    oid             objid_snmptrap[]={ 1, 3, 6, 1, 6, 3, 1, 1, 4, 1, 0 };
```

```
    size_t          objid_snmptrap_len＝OID_LENGTH(objid_snmptrap)；
    oid        hbeat_rate_oid[]    ＝{ 1, 3, 6, 1, 4, 1, 8072, 2, 3, 2, 1, 0 }；
    size_t   hbeat_rate_oid_len＝OID_LENGTH(hbeat_rate_oid)；
    oid        hbeat_name_oid[]    ＝{ 1, 3, 6, 1, 4, 1, 8072, 2, 3, 2, 2, 0 }；
    size_t   hbeat_name_oid_len＝OID_LENGTH(hbeat_name_oid)；
    oid        ledvalue_oid[]    ＝{ 1, 3, 6, 1, 4, 1, 100,1, 0 }；
    size_t   ledvalue_oid_len＝OID_LENGTH(ledvalue_oid)；
    netsnmp_variable_list ∗ notification_vars＝NULL；
    const char ∗ heartbeat_name＝"A girl named Maria"；
＃ifdef   RANDOM_HEARTBEAT
    int   heartbeat_rate＝rand() ％ 60；
＃else
    int   heartbeat_rate＝30；
＃endif
    int   testledvalue＝1；
        DEBUGMSGTL(("example_notification", "defining the trap\n"))；


/ ∗
 ∗ add in the trap definition object
 ∗ /
snmp_varlist_add_variable(&notification_vars,
                    / ∗
                     ∗  the snmpTrapOID. 0 variable
                     ∗ /
                    objid_snmptrap, objid_snmptrap_len,
                    / ∗
                     ∗  value type is an OID
                     ∗ /
                    ASN_OBJECT_ID,
                    / ∗
                     ∗  value contents is our notification OID
                     ∗ /
                    (u_char ∗ ) notification_oid,
                    / ∗
                     ∗ size in bytes＝oid length ∗ sizeof(oid)
                     ∗ /
                    notification_oid_len ∗ sizeof(oid))；
snmp_varlist_add_variable(&notification_vars,
                    hbeat_rate_oid, hbeat_rate_oid_len,
                    ASN_INTEGER,
                    (u_char ∗ )&heartbeat_rate,
                        sizeof(heartbeat_rate))；
```

```
        snmp_varlist_add_variable(&notification_vars,
                            ledvalue_oid, ledvalue_oid_len,
                            ASN_INTEGER,
                            (u_char *)& testledvalue,
                                sizeof( testledvalue));
    /*
     * if we want to insert additional objects, we do it here
     */
    if (heartbeat_rate < 30 ) {
        snmp_varlist_add_variable(&notification_vars,
                            hbeat_name_oid, hbeat_name_oid_len,
                            ASN_OCTET_STR,
                            heartbeat_name, strlen(heartbeat_name));
    }
    ++count;
    DEBUGMSGTL(("example_notification", "sending trap %ld\n",count));


    fm=open("/dev/led",0);
    if(fm==-1)
    {
    printf("wrong\r\n");
    exit(-1);
    }
    printf("open is over\n");
    read(fm,buff,1);              /* 读取 led 设备的值 */
    value=buff[0];
    close(fm);
if(value==1)
    {
send_v2trap(notification_vars);   /* 当 led 设备的值为 1 时,向管理站发送 trap */
}
    DEBUGMSGTL(("example_notification", "cleaning up\n"));
    snmp_free_varbind(notification_vars);
}
```

其中 snmp_alarm_register 中的参数是可以改变的。

接下来交叉编译安装移植与上面介绍类似,有以下两个改动。

(1) 配置编译选项修改,执行下列命令:

[root@localhost   net-snmp-5.4.2.1]#./configure   --build=i686-linux   --host=arm-linux   CC=arm-linux-gcc   --disable-ipv6   --with-endianness=little   --disable-manuals   --disable-ucd-snmp-compatibility   --enable-as-needed   --disable-embedded-perl   --without-perl-modules   --disable-snmptrapd-subagent   --disable-applications   --disable-scripts   LDFLAGS="-static"   --with-mib-modules="ledtest examples/notification "

这样可以将 ledtest 和 examples/notification 两个模块均加入到代理程序中。

注意：在添加模块时，可以一次添加几个模块，只要在各个模块之间加空格就好；而且自动加载的模块一定要一次性添加进去，这样才会都实现。

［root@localhost net-snmp-5.4.2.1］♯ make

［root@localhost net-snmp-5.4.2.1］♯ make install

会在/usr/local/sbin 下生成 snmpd 可执行文件，同上步骤。

（2）snmpd. conf 配置文件中增加以下语句：

♯ send v1 traps

trapsink　　　　　192.168.0.1:162　public

♯ also send v2 traps

trap2sink　　　　192.168.0.1:162　secret

♯ send traps on authentication failures

authtrapenable　1

其作用是当有触发条件产生时，代理端可以自动发送 trap 到管理端。

下面就可以运行此程序了，详见《SEP4020 Linux SDK 3.0 User Manual V3.0 Beta1》,67～69 页。

附录　思考题答案

第二章　基础实验

实验 1　ARM 汇编实验

1. 在编程过程中,如果常用寄存器已经用完怎么办?

可以借助堆栈,将一些寄存器值进行保存,使用完毕后进行出栈恢复。

2. 为什么说条件执行要比跳转效率高?

条件执行不需要打断 ARM 指令执行的流水线,而跳转指令则会打断流水线,流水线需要重新装填,造成时间上的浪费。

3. 向一个不对齐的地址上写入数据时(如向 0x30001001 上写一个 word),会发生什么情况?

会自动对齐。

第三章　嵌入式系统中的各个模块实验

实验 2　行列键盘外部中断实验

1. 为什么采用 4×4 的阵列结构实现键盘?

节省系统 I/O 口资源,如果不用阵列结构的话,每个按键都需要一个中断口,对资源的要求过高。

2. 为什么行线都接高电平,如果接低电平是否可以实现?

可以的,原理完全相同。

实验 3　实时时钟 RTC 控制

1. 如果要实现一个采样中断的实验,该怎么去修改实验? 并通过读当前计数寄存器来观察计数的速度。

在中断服务函数 rtc_handler 中增加一个采样中断服务函数 Sample_server,该函数可以设定一定间隔后产生中断。清除中断标记位后,经过相同的间隔后将再次产生中断。读出当前计数寄存器的值,再用时钟频率除以该值即可得到计数的速度。

2. 如果设计一个百米赛跑的秒表,需要精确到 0.01 秒,该应用到那些模块,怎样去设计?

需要应用到分中断服务 minute_server,秒中断服务 second_server 和采样中断服务 Sample_server。将采样时间设置为 0.01,可以每隔 0.01 秒产生一个中断,从而可以精确到 0.01 秒。minute_server 和 second_server 分别用来计时分和秒。

实验 4　通用定时器 Timer 实验

1. 在程序中修改成捕捉模式,输出结果是什么?

在测试捕获模式的时候,在 console 窗口输出:In the catpure mode, the current value of count register is %ld

实验 5　通用串口通信模块 UART 实验

1. 可否通过赋值符号进行赋值来使用 UART 模块中部分地址复用的寄存器?

UART 模块的寄存器有部分是地址复用的,对于通过读写权限来区分的地址公用的寄存器,不能通过先读后写的赋值符号进行赋值,例如不能使用 $|=$、$+=$ 等符号。

实验 6　液晶控制器 LCDC 实验

1. 关于 LCD 刷新率的配置是如何配置的?

在实际使用中应根据所使用 LCD 面板的参数来计算 PCD 值,以调整 LCD 的刷新率,一般使用 40 Hz～60 Hz 的刷新率。可以用示波器测量 LCDC 输出的帧频信号的频率,该信号的频率即刷新率。

实验 7　音频控制器 I2S 实验

1. 修改 IIS 的频率会有什么影响?

IIS 代码初始化的主频是 96M,如果修改主频,则对应的分频参数要根据采样率进行相应的修改。

实验 8　Nor Flash 实验

1. Nor Flash 具备什么样的特性,使得它能够作为启动代码存放介质?

片内执行 XiP。

2. 为什么 Nor Flash 的读出速度比较快?

在向 Nor Flash 发送完刷新命令以后,Nor Flash 可以像 SDRAM 一样随机读出数据,所以速度很快。

3. 为什么 Nor Flash 使用如此简单,却在应用上有被 Nand Flash 超越的趋势?

(1) 相对而言,价格较贵。在追求开发成本的产品开发中,价格是非常重要的决定因素。

(2) 写入速度比较慢

实验 9　Nand Flash 读写实验

1. 为什么 Nand Flash 相对于 Nor Flash 而言应用越来越广?

价格便宜,写入擦除速率较快。

2. Nand Flash 为什么相对于 Nor Flash 写入速度更快?

Nor 型 Flash 擦除的单位,即块大小都比较庞大,每次擦除时间非常长,所以写入也比较慢。